HUMANOS EN LA OFICINA

Leer el futuro

ExLibric

JUANMA ROMERO | MIGUEL ÁNGEL PÉREZ LAGUNA

HUMANOS EN LA OFICINA

Leer el futuro

EXLIBRIC
ANTEQUERA 2020

HUMANOS EN LA OFICINA
© Juanma Romero
© Miguel Ángel Pérez Laguna
© de la imagen de cubiertas: Estudio Ojo de pez
Diseño de portada: Dpto. de Diseño Gráfico Exlibric

Iª edición

© ExLibric, 2020.

Editado por: ExLibric
c/ Cueva de Viera, 2, Local 3
Centro Negocios CADI
29200 Antequera (Málaga)
Teléfono: 952 70 60 04
Fax: 952 84 55 03
Correo electrónico: exlibric@exlibric.com
Internet: www.exlibric.com

ISBN: 978-84-18230-31-8
Depósito Legal: MA-559-2020

Nota de la editorial: ExLibric pertenece a Innovación y Cualificación S. L.

JUANMA ROMERO | MIGUEL ÁNGEL PÉREZ LAGUNA

HUMANOS EN LA OFICINA

Leer el futuro

Índice

Prólogo

En primer lugar, quería dar las gracias a mi **amigo** Juanma por concederme el honor de realizar el prólogo de este libro que, sin duda, es de obligatoria lectura para todas aquellas personas que quieran progresar en su vida profesional y, me atrevería a decir, también en la personal, ya que nos transmite unos valores y unas ideas que son aplicables a cualquier ámbito de esta.

Cuando lo estaba leyendo, pensaba que, aunque suene adulador, suscribiría cada una de las frases que contiene, y eso no es nada sencillo. Estamos en un entorno donde, si queremos crecer, debemos arriesgarnos; eso, por estadística pura, nos hará caer en más ocasiones que triunfar, pero estamos en una sociedad que está enseñando más a ganar que a perder cuando hay más posibilidades de lo segundo que de lo primero. No olvidéis que siempre merece la pena levantarse y volver al punto de partida, y Juanma es un claro ejemplo de ello: es un triunfador tanto personal como profesionalmente y eso lo ha conseguido gracias a su esfuerzo, su constancia y su capacidad de levantarse; es una persona que nunca ha dejado de buscar oportunidades y es evidente que es un buen líder, no solo un jefe. Es de los que piensa que debemos estar preparados para los fracasos, pero desear siempre los éxitos.

Para triunfar, como se dice en el libro, debemos adaptarnos a las nuevas realidades con rapidez y adelantarnos a lo que viene; hay que intentar levantarse cada mañana con ilusión para disfrutar el nuevo día. Somos animales sociales, por lo que nos necesitamos, sentimos la necesidad de cuidar a quien nos quiere, y eso requiere esfuerzo: no nos perdamos solo con cosas tangibles, es imprescindible tener tiempo para reír, correr, ver una puesta de sol o saltar en paracaídas. No olvidéis que la verdadera libertad pasa por decidir qué hacemos con nuestro tiempo, y ese no se compra, no se recupera, no se cambia por nada: es el bien más preciado que tenemos; ya sabéis aquello de que las mejores cosas de la vida nunca son cosas.

Estamos en un momento en el que la tecnología está cambiando nuestra economía a una velocidad nunca conocida y, por extensión, también nuestro mercado de trabajo. Cada vez es más habitual que las empresas demanden trabajadores más flexibles, con empatía, con capacidad para trabajar en equipo y de liderazgo, es decir, aquellos con capacidad de aportar un valor añadido emocional a las organizaciones. De lo que no cabe ninguna duda es de que tenemos que ser conscientes de que hay que formarse de manera continua a lo largo de toda la vida: entramos en un periodo histórico en el que nuestra vida laboral se alargará hasta los setenta años (como mínimo), y esto requiere reinventarse y readaptarse, lo que sin formación es imposible.

Vemos cómo la transformación digital está presente en todos los sectores y vemos cómo está innovando radicalmente la forma de trabajar, las relaciones laborales y, por extensión, nuestras vidas. Este libro servirá de guía para afrontar con garantías todos esos cambios y para ver la vida en general y nuestro trabajo en particular de una forma más realista, dando importancia a lo que realmente la tiene: las personas.

Ph. D. Carlos Martínez
Presidente de IMF Institución Académica
y CEO de Cela Open Institute

Introducción

Durante las próximas páginas vamos a intentar leer el futuro, tratando de adivinar lo que se avecina, con opiniones de personas de diferentes generaciones con una diferencia de edad de cincuenta años: unas están dentro del mundo laboral y otras ya han salido de él y disfrutan de su jubilación. Todos ellos tienen una opinión sobre el pasado, el presente y sobre todo el futuro. ¿Cómo lo ven unos y otros? ¿Seremos capaces de afrontarlo con éxito desde las diferentes organizaciones empresariales? También veremos ejemplos de grandes emprendedores y empresarios a los que he calificado como «mis héroes favoritos». De algunos destacaremos su papel empresarial y de otros su vida o su forma de ser, porque todo es importante; uno de ellos perdió la vida por su incapacidad de tomar una buena decisión en el momento más crítico de ella, y todo ello a pesar de ser considerado casi unánimemente como uno de los grandes líderes innovadores de los siglos XX y XXI.

Este libro es la continuación de *Lidera tu empresa en la Cuarta Revolución* y el resultado de ambos es gracias al trabajo de los últimos cinco años de mi vida. Han salido a la venta con muy pocas semanas de diferencia y alguien podría pensar que «este Juanma escribe libros como churros». Lo cierto es que puede parecer que escribes mucho, pero quizá no nos demos cuenta de que detrás de cada línea hay un trabajo. Escribir es lo más fácil: lo difícil es documentarse, hablar con la gente para ver cómo está la situación, que te aporten su conocimiento, interiorizarlo y luego expresarlo con palabras poniendo todo ello en negro sobre blanco. Conocimiento para poder expresarlo con palabras en un libro: eso es lo que hemos hecho en *Humanos en la Oficina*, para *leer el futuro*.

El liderazgo como yo lo entiendo

Lo que toda la vida se ha denominado *recursos humanos* son personas, y en ocasiones esto se nos olvida. Los catalogamos como números que tienen una función determinada, sin tener en cuenta sus sentimientos, necesidades, anhelos y miedos. Las empresas que triunfan en esta nueva sociedad digital son las que tienen claro que los recursos humanos son mucho más que esos números, que son almas que tienen que implicarse con la empresa y que su comodidad dentro de la organización es esencial para alcanzar o superar los objetivos planeados. Algunos dicen que la empresa tiene que lograr que el empleado sea feliz, pero otros discrepan: los segundos opinan que el empleado tiene que venir así de casa porque la empresa no es un jardín de infancia, sino un centro de trabajo que tiene que poner a su alcance las herramientas adecuadas para desarrollar su cometido; pero tampoco puede ser un centro de internamiento, una prisión para presos peligrosos o un hospital psiquiátrico para psicópatas. Hay que intentar que los empleados sean «gente normal» con la que se pueda trabajar y que sepan hacerlo en equipo, y para ello hacen falta líderes que sepan transmitir la visión de la empresa, que sean buenos comunicadores. Ya lo decía un tal Pericles hace unos 2500 años: «Si tienes una buena idea y no sabes cómo expresarla es como si no la tuvieses».

En los tiempos actuales, además de expresar esas ideas, hay que hacerlas llegar a todo el mundo y para eso contamos con la inestimable ayuda de los modernos medios de comunicación y las plataformas digitales, que igual pueden encumbrar a una empresa en unas horas que hundirla en la más absoluta de las miserias de la noche a la mañana. El manejo, sobre todo de las redes sociales, es una asignatura pendiente porque nunca se acaba de aprender y hay que ir adaptándose continuamente. En estos momentos tenemos cuatro redes sociales que en mi opinión son las principales: a nivel de negocios, LinkedIn se lleva la palma; Facebook es ideal para relaciones sociales; Instagram es la mejor para mostrar nuestra actividad diaria a través de imágenes, ya sean fotos o vídeos; y Twitter es excelente para informarse y para opinar de casi todo. Ampliando un poco más este tema, podemos decir que LinkedIn nos permite hacer relaciones que, en teoría, antes o después deben darnos resultados económicos, ya sea porque vendamos alguno de nuestros productos o servicios, o porque pidamos o nos pidan algún favor. Es una red profesional seria donde no se admiten tonterías y donde es recomendable no expresar opiniones políticas, religiosas o sociales. Se está en ella para hacer negocios, no para hacer amistades.

Facebook tiene el triple de usuarios que LinkedIn, pero ese no es un valor en sí mismo, sino que depende de lo que queramos hacer en esta red: si queremos relaciones sociales, estamos en el sitio indicado; pero si queremos hacer negocios también lo estamos, porque a través de esta se han montado infinidad de empresas que han dado magníficos resultados, generalmente para pequeños emprendedores, aunque las grandes empresas ya se dieron cuenta tiempo atrás de su potencial y se metieron de lleno en ella.

Instagram es la red ideal para el postureo, para mandar fotos y vídeos de lo que hacemos cada minuto del día; es el gran escaparate. En los últimos años es la red que más está creciendo con diferencia, pero no solo de postureo vive Instagram, porque también se hacen buenos negocios. Hace unos meses visitó mi programa de televisión una emprendedora que había montado una joyería *online* en Instagram. No tengo la menor idea de cómo lo consiguió, pero el primer año facturó novecientos mil euros. Si pensamos que el beneficio era de un 30 %, parece que el negocio no está nada mal; no nos engañemos, no todo el mundo se *va a forrar* en Instagram: hay que tener una buena idea y sobre todo saber desarrollarla.

Y llegamos a la última, Twitter, que es probablemente la que más interacciones genera y sirve para mantenerse informado. La verdad es que personalmente no le acabo de ver la vena empresarial y no está muy claro cómo sacarle dinero de forma generalizada. Produce una ingente cantidad de información y comentarios. Es la red preferida por muchas personas y colectivos para insultar a los que no piensan como ellos.

El líder actual no solo tiene que bregar con estas redes y otras muchas, sino con diferentes formas de comunicación, la mayoría digitales, que nos mantienen en vilo en todo momento; vamos de sobresalto en sobresalto. La comunicación es fundamental en este siglo XXI, pero no es lo único a lo que se enfrenta, porque tiene que combatir la insatisfacción de sus empleados: tienes un buen jefe, pero te pagan poco; tienes un buen jefe y te pagan mucho, aunque viajas demasiado; tienes un buen jefe, ganas un buen salario y no viajas demasiado, pero no te llevas bien con tus compañeros. Desgraciadamente siempre hay un pero porque la satisfacción en la organización nunca es plena. A finales de agosto pasado escuché decir que «un líder empresarial es como un malabarista, que tiene que manejar muchos platos sin que ninguno se caiga al suelo y se rompa. Además, tiene que satisfacer las necesidades de sus empleados, clientes, proveedores y accionistas, y esas necesidades en muchas ocasiones no solo no son compatibles, sino que pueden llegar a ser totalmente incompatibles»; todo un ejercicio de malabarismo. Parece claro que mientras el empleado quiere ganar más dinero, el cliente pretende pagar menos y la empresa lucha por aumentar sus beneficios.

Y aquí entramos de lleno en la diferencia entre el jefe y el líder, que se produce en muchas ocasiones por la percepción que de ellos tienen sus empleados y colaboradores. Mientras el líder suele tener mejor imagen, al jefe se lo ve con ciertos clichés, como que no merece lo que gana mientras los empleados merecen más de lo que reciben. Al jefe se le percibe estando en su despacho con su "secretaria dóberman" en la entrada para no dejar pasar a nadie mientras él tiene la nevera llena de bebidas frescas. Se le acusa de no saber gestionar y es malo por definición, con poder para bajar el sueldo a los trabajadores cuando el suyo sigue creciendo; tiene poder para quitar los vales de comida o modificar los horarios de los trabajadores; además, sale tarde de la oficina, lo que obliga al resto de la empresa a quedarse para que el jefe compruebe que están allí, aunque no estén haciendo nada. Y para más inri, algunos fines de semana programa reuniones de trabajo.

Por su parte, el líder trabaja en las mismas condiciones que el resto. Tenemos infinidad de ejemplos, pero a mí me gusta en especial uno que demuestra la implicación de los más modestos con el de arriba. Es la historia del famoso general Wu Ch'i (440-381 a. C.), que comía los mismos alimentos y llevaba las mismas ropas que el más humilde de sus soldados. No aceptaba viajar a caballo o en palanquín y se ocupaba de llevar sus raciones de comida envueltas en un hatillo. El general compartía con sus hombres todas las incomodidades a pesar de que su posición le habría permitido tener ciertos privilegios. Durante una de sus campañas, uno de sus soldados padecía una infección por una inflamación; Wu Ch'i abrió y succionó personalmente ese fluido ponzoñoso. Cuando la madre del soldado se enteró, comenzó a sollozar desconsoladamente y una vecina le preguntó: «¿Por qué lloras? Tu hijo solo es un soldado raso y, sin embargo, el propio comandante en jefe ha succionado el veneno de su llaga». La mujer, completamente afligida, le respondió: «Hace muchos años, el general le hizo algo parecido a mi esposo, que tras eso ya nunca lo abandonó. Al final mi marido encontró la muerte a manos del enemigo. Ahora que ha hecho lo mismo por mi hijo, estoy segura de que él también caerá luchando, aunque no sé en qué lugar ni en qué momento; pero sí sé que morirá». Parece claro que el líder triunfa por dar ejemplo y por hacer las cosas bien: sus subordinados confiarán en él si demuestra que es el mejor en la actividad que pide a los otros que desempeñen. Generalmente es humilde y tiene los pies en el suelo, sabiendo que hoy está en la cúspide y mañana puede estar otro sitio, y siendo consciente de que su principal obligación al marcharse será dejar la organización mejor de lo que la encontró; siempre tiene que crear un clima de esperanza. Pensemos que el capitán pusilánime hace cobardes a todos sus tripulantes. En África tienen un ejemplo mucho más gráfico: «Si el líder cojea, los demás acaban cojeando». El líder es una persona que ocupa buena parte de su tiempo en pensar y buscar la claridad porque, como decía Confucio, «el pensamiento claro y el liderazgo eficaz van de la mano». También señaló que «cuanto más alto sea el lugar que ocupamos, más larga será nuestra sombra, es decir, la influencia del ejemplo que demos».

Al fin y al cabo, como nos recuerda un proverbio ruso, «sin pastor, las ovejas no son un rebaño». No olvidemos que los depredadores siempre están al acecho, a la espera de su oportunidad para tratar de dispersarlo y atacar a esas ovejas de una en una. Por eso, saber trabajar en equipo sin individualismos es fundamental. Al final se trata de predicar con el ejemplo y ser consecuentes. Como en su día escribió el célebre filósofo, político, abogado y escritor inglés Francis Bacon (1561-1626), «el que da buenos consejos edifica con una sola mano. El que da un buen consejo y un buen ejemplo construye con las dos. Pero el que da buenos consejos y mal ejemplo construye con una mano y destruye con la otra».

Nos quedamos en Inglaterra para ver otras de las características que tienen que vestir a un buen líder, el carisma y la empatía. Estamos en el año 1855 y se celebraban elecciones en Gran Bretaña: se enfrentaban William Gladstone y Benjamín Disraeli; quien ganase sería el dueño de medio mundo porque el Imperio británico estaba en su mayor apogeo. Se cuenta que curiosamente los dos candidatos a Primer Ministro cenaron con la misma señorita la semana anterior de las elecciones, en días diferentes. La prensa quiso saber más sobre la reunión y le preguntaron a la señorita en cuestión. Ella respondió: «Cuando he salido de cenar con el señor Gladstone he salido convencida de que él es el hombre más inteligente de Inglaterra. Cuando he salido de cenar con el señor Disraeli he salido convencida de que yo soy la mujer más inteligente de Inglaterra». En mi opinión eso es, ni más ni menos, el carisma, la empatía y el liderazgo.

¿Qué va a ser de nuestros hijos?

Cuando cumplí los cincuenta y ocho años celebré una comida familiar con mi mujer, mis seis hijos y mis padres. Cinco de ellos siguen viviendo en casa gracias al magnífico mercado laboral del que disfrutamos y sus grandes sueldos, y me temo que así va a ser durante bastante tiempo. No pueden independizarse porque el sueldo no les llegaría y porque muchos de los trabajos son temporales, algo así como eso de «pan para hoy y hambre para mañana». Antes de la comida, les di un breve discurso y les transmití que, desde ese momento hasta mi jubilación, prevista para siete años más tarde, mi principal preocupación sería lograr que una vez jubilado, mi mujer y yo pudiésemos vivir sin agobios económicos. Lo cierto es que a lo largo de mi vida siempre les he insistido en que hay que ir más allá, no conformarse con lo que conocemos: tenemos que ser capaces de adaptarnos a las nuevas realidades, de leer el futuro. Creo que para ellos no he sido mal ejemplo: a cada situación que se ha producido, por muy mala que fuese, he intentado sacarle provecho. Cuando decidí dejar de dar conferencias sobre adicciones digitales después de años intentándolo, pero sin sacarle rentabilidad, me reinventé y enseñé a lograr visibilidad en los medios, porque en dos años me habían hecho más de mil entrevistas de radio, de una en una, y podía enseñar a otros cómo lograrlo. Cuando me detectaron un cáncer, en vez de echarme a llorar, que ganas no me faltaron, decidí presentarme a la Presidencia de RTVE, proceso que sigue en marcha y del que soy uno de los veinte candidatos preseleccionados. También en ese momento me puse a escribir el libro *Carisma y Empatía* junto con mis hijas Esther y Miriam. Además, al conocer a más gente que había tenido o tenía esa enfermedad y ver que los médicos no se lo habían comunicado adecuadamente, elaboré una conferencia sobre «Cómo dar bien las malas noticias en el ámbito médico». Cuando un año después montamos una tienda en Amazon y resultó un fracaso, en vez de llorar, mis hijas y yo escribimos el libro *Vender en las plataformas digitales,* contando cómo fue nuestra experiencia, qué hicimos mal y qué hay que hacer para tener éxito; además, dimos varias conferencias sobre el tema. Y así siempre, reinventándote a cada contratiempo; cualquier cosa menos rendirte.

Me he pasado toda la vida trabajando sin ver un euro, pagando facturas que cada vez eran más grandes y menos manejables, siempre en las últimas. Ahora es el momento de rentabilizar todo ese trabajo y el conocimiento adquirido porque, además de trabajar, he estudiado, y mucho, y ese conocimiento no se logra en unos días, semanas o meses, sino que es trabajo constante de años. Ese va a ser uno de los principales requerimientos de este nuevo mercado laboral que estamos inventando ahora mismo: el trabajo y el conocimiento; y para ello las herramientas de aprendizaje son imprescindibles. Contamos con infinidad de ellas y muchas gratuitas, lo que ya no permite excusas para decir que no podemos adquirir esos conocimientos que necesitamos porque no tenemos acceso a ellos a causa del dinero. Esa es una de las principales características de este nuevo mercado laboral: la adquisición continua de conocimientos y el uso de todo tipo de herramientas de aprendizaje para lograrlo. Nos tenemos que adaptar a este mercado y hacernos sus amigos para que nos vaya bien; en caso contrario, nuestras posibilidades de salir adelante y malvivir serán muy escasas y las de tener éxito, prácticamente nulas.

Pensemos que la empresa para toda la vida ya no existe: quedan muy pocas de esas y cada día van quedando menos. Nos vamos a pasar la vida saltando de una compañía a otra, incluso de sectores que no tienen nada que ver entre sí. La otra opción será montar un negocio, generalmente digital, o trabajar por proyectos; pero para trabajar por proyectos hay que hacerlo muy bien, porque un proyecto mal desarrollado puede acabar con la buena imagen de un profesional. Volvemos al tema de la preparación y el conocimiento. En mi caso no me preocupa demasiado: trabajo en Televisión Española desde hace más de treinta años, soy trabajador fijo tras ganar una posición a la que se presentaron más de cuatro mil profesionales: quedé el número dos y saqué la plaza en Madrid. Tengo el trabajo y el sueldo mensual prácticamente asegurados; pero, ahora, en el caso de mis hijos es diferente. A mí no me preocupa no llegar a fin de mes, lo que en realidad me quita el sueño es que, en su momento, ellos no lleguen. Eso sí que me obsesiona: qué será de mis hijos, y de tus hijos, y de los hijos del vecino. Ahí está el gran reto. A lo largo de toda la vida he intentado transmitirles la necesidad de ser constantes, trabajadores y serios, y no dejar las cosas para mañana, que luego puede ser tarde. Se lo he enseñado con mi ejemplo, porque yo trabajo de lunes a domingo, los doce meses del año. Si me voy de vacaciones, llevo el ordenador para seguir trabajando o libros y apuntes para estudiar. También es cierto que me gusta lo que hago y eso es una ventaja, pero hay que hacerlo; tampoco soy el único ejemplo en casa porque mi mujer, Leonor, que se ocupa de las labores del hogar, no tiene vacaciones ni un solo día. Si yo quiero puedo decir un fin de semana que no hago nada; en su caso es más difícil, eso sí que tiene mérito.

A lo largo de todos estos años de trabajo he aprendido que hay que dominar todas las facetas de la vida profesional: no solo el conocimiento técnico, sino también las habilidades de comunicación y relación con otros. Es lo que denominamos las habilidades blandas (*soft skills*) y las habilidades duras (*hard skills*); ambas habilidades son esenciales para el desarrollo profesional, pero no son igual de importantes. Las blandas pueden llegar a suponer el 85 % del éxito profesional de una persona mientras que las duras vienen a ser el 15 %. Pensemos, por ejemplo, que si somos excelentes programadores informáticos, pero no somos capaces de relacionarnos con nuestro entorno profesional, difícilmente nuestros compañeros van a querer trabajar con nosotros o nuestros clientes comprar nuestros productos o servicios. Por eso hay que dominar un conocimiento transversal que nos permita saber mucho de nuestro trabajo pero que, a la vez, haga posible que nos relacionemos adecuada y satisfactoriamente con otras personas, que nos comuniquemos apropiadamente, que dominemos idiomas y que tengamos suficientemente desarrollados el carisma y la empatía, de tal forma que seamos capaces de lograr nuestras expectativas profesionales. Al fin y al cabo, las empresas cada vez miran menos los títulos universitarios, másteres y demás, y se preocupan mucho más del conocimiento concreto del trabajador, ese que permite desarrollar un determinado trabajo sin olvidarnos de la capacidad de ese trabajador para adaptarse a la cultura empresarial. Ser capaces de adaptarnos es imprescindible, porque el que no lo logre no solo tendrá un problema, sino que lo tendrá también la empresa.

Todos hemos oído hablar en más de una ocasión del garbanzo negro, que no tiene nada que ver con la producción agraria ecológica, sino que se refiere a esa persona que se aleja de mala manera de las ideas o la forma de comportarse de su familia o del grupo profesional o humano al que pertenece. Un profesional así puede hundir una empresa, un lujo que la propia compañía no puede permitirse; por eso hay que seguir las enseñanzas de Darwin y ser capaces de adaptarnos a todas las circunstancias y abrazar de forma sincera esa cultura empresarial. La adecuada combinación de las habilidades blandas y duras, junto con esa cultura corporativa, son prácticamente una garantía de éxito para el profesional. Eso es en lo que se fijan los reclutadores; en eso y en que el candidato a un puesto sea una buena persona, que puede parecer un tema menor, pero es lo que marca la diferencia. Difícilmente un líder será carismático si no es capaz de empatizar con sus colaboradores y es una buena persona. Es la diferencia entre que a uno le obedezcan o le sigan porque creen en su liderazgo.

Y precisamente en esa diferencia entre el líder y el jefe es donde encontramos la necesidad de trabajar en equipo, al menos en el primero de los casos. El líder valorará esas habilidades blandas y duras mientras que al jefe parecen preocuparle solo las últimas. Es uno de los grandes problemas a los que se enfrentan los reclutadores, que tienen que encontrar un candidato con la adecuada combinación de ambas habilidades, que esté cualificado, pero que sepa manejarse en su entorno y relacionarse con él; y que sea capaz de decir «no» cuando hay que decirlo y dar su opinión, aunque sea contraria al punto de vista del resto del grupo. Eso sí se valora, porque la única forma de innovar es probar cosas nuevas, y si no tenemos la suficiente valentía para expresar nuestra opinión contraria a lo que se viene haciendo desde hace años y ofreciendo alternativas viables, no seremos de valor para la empresa.

En la actualidad se aprecia mucho esa capacidad de trabajar en equipo y ofrecer opiniones valientes. También se valora la forma de presentarnos; no nos referimos a la indumentaria, que ha cambiado radicalmente en los últimos años, pero sí a ir aseados, que algunos piensan que vestir ropa cómoda es sinónimo de no ducharse. La puntualidad es otro valor que algunos colectivos van perdiendo a pesar de que todos sabemos que cuando alguien llega con retraso transmite una pésima impresión, a no ser que exista una causa justificada que se explica al llegar a esa reunión; si se trata de una primera reunión, los efectos pueden ser devastadores para nuestros intereses y los de nuestra empresa. En mi caso, siempre llego puntual (puede haber alguna excepción por algún imprevisto, que todos somos humanos, pero no suele ocurrir); cuando empecé en el mundo laboral y tenía una entrevista de trabajo llegaba una hora antes, me sentaba a tomar un refresco en la cafetería de la esquina, que siempre hay una allí, y esperaba a que se hiciese la hora. Llegaba a la cita diez minutos antes, que era algo prudente. Estar en esa cafetería esperando te permitía relajarte y acudir a la cita sin agobios de tiempo. Además, podías conseguir cierta información, porque a ella acuden los trabajadores de la empresa que comentan temas que en un momento dado te pueden resultar útiles haber escuchado de cara a la entrevista que vas a mantener unos minutos después; información sobre la cultura empresarial o sobre tal o cual proyecto que podía ayudarte. No era habitual conseguir este tipo de información, pero alguna vez sí ocurrió y me resultó ventajoso.

La identidad corporativa refleja las diferencias de una empresa respecto a otras, pero también sus similitudes. Esta debe ser fuerte y aceptada por el conjunto de los miembros de la firma porque en caso contrario no tendrá valor alguno. Todo ello se basa en la misión, visión y valores de la compañía: la misión es el motivo por el que fue creada, su razón de ser; la visión son sus planes de acción y sus proyectos para el futuro; y los valores son aquellos atributos de la empresa relacionados con su comportamiento con proveedores, cliente, empleados e incluso con la competencia, y que marcan tanto su línea de actuación como sus valores éticos. El trabajador del siglo XXI no solo tiene que asumir esos valores y compartirlos, también debe ser capaz de adaptarse sobre la marcha cuando la compañía considere necesario cambiar su visión y valores por la razón que sea.

Esto ya no es lo que era: de la mañana a la noche

Las empresas son conscientes de que todo se ha transformado y es completamente diferente no solo su trato con los empleados, sino con los clientes y usuarios que han cambiado su forma de actuar. Lo que hace unos años era habitual ahora no se hace, y si no que se lo pregunten a los vendedores de periódicos diarios y revistas en papel, que cada día venden menos. Volvemos a hablar de Darwin porque hay que ser capaces de adaptarse a la nueva situación; las empresas necesitan profesionales que sean capaces de asumir esos cambios y ofrecer alternativas que permitan mantener la rentabilidad de la compañía. La sociedad se ha transformado tanto que, como decía aquel, «no la reconoce ni la madre que la parió». Vamos a hacer un pequeño repaso de algunas actividades cotidianas que hace apenas unos años no realizábamos y que ahora nos resultan imprescindibles. Todo esto que veremos son oportunidades de negocio que están siendo aprovechadas por los más avispados, además de negocios que se pierden, porque ya no son útiles para el consumidor o no han sabido adaptarse a los nuevos tiempos.

Habitualmente, te acuestas a las doce de la noche más o menos. A esa hora pones el despertador, que no es el reloj que has usado hasta no hace mucho, sino el teléfono móvil; antes utilizábamos despertadores analógicos o digitales, ahora eso ha pasado a la historia. Aunque cuando salgo de viaje a las cinco de la mañana, además del móvil con tres alarmas, me pongo el despertador de toda la vida, por si acaso; más vale prevenir que llegar tarde o no llegar. Hace años para informarnos teníamos que encender la radio, la televisión o bajar a por el periódico; pero, claro, el que se levanta antes de las seis, como es mi caso, no se plantea ni de lejos bajar al kiosco. Es más, llevo varios años sin comprar periódicos, sino que lo veo todo en Internet.

Lo primero que haces nada más despertarte es sentarte en la cama con los pies en el suelo y consultar tres diarios digitales para saber qué ha ocurrido en el mundo en las últimas horas; yo intento que sean de ideologías diferentes para poder valorar y adoptar mis propias conclusiones. Antes, cuando compraba el periódico, esto no era posible porque no era cuestión de hacer un desembolso elevado para adquirir varios diarios. Otra desventaja del papel frente al mundo digital es que los periódicos se escribían con varias horas de antelación a su venta, porque había que cerrar la edición, imprimirlo y mandarlo al punto de venta: se perdía la inmediatez; ahora no ocurre porque todos los diarios se actualizan al minuto. Esto es un muy mal negocio para los kiosqueros y también para quienes distribuyen prensa en grandes compañías: muchas de estas empresas han dejado de comprar decenas o cientos de periódicos cada día y apuestan por la información *online*, gratuita y al alcance de todos sus empleados. En ocasiones, las compañías que siguen queriendo tener acceso a la información de los periódicos de papel escanean esos diarios y los ponen a disposición de todos sus empleados a través de su propia intranet. Seguir comprando estas publicaciones, hoy en día, resulta antieconómico para las compañías y más teniendo en cuenta que lo que recibimos se ha escrito varias horas antes. Por eso, estas empresas periodísticas no tienen más remedio que reinventarse para no desaparecer: si ahora se compran pocos periódicos de papel, dentro de unos años se comprarán muchos menos.

Después de leer esos tres diarios, te duchas y desayunas. Ya no utilizas la cafetera de toda la vida, la que cuando se acababa de hacer el café hacía un ruido infernal y despertaba a toda la familia; ahora somos más modernos y preferimos las cápsulas individuales que podemos adquirir en diferentes tiendas físicas o a través de Internet. Este es otro cambio de hábitos que, en este caso, perjudica a los vendedores de café tradicional y beneficia a las firmas que han apostado por este modelo de negocio. Se pierden unos empleos y se crean otros, como el de repartidor, cada día más en auge, porque alguien tiene que traernos a casa las dichosas capsulitas; bueno, las cápsulas y todo lo que compramos en Amazon. Seguro que a más de un avispado se le ocurre algún modelo de negocio para sacar rendimiento a estas nuevas costumbres.

Después de tomar el café, vas al trabajo en tu propio coche o en transporte público. Cuando yo era pequeño e iba al colegio, hace casi cincuenta años, tenías que bajar a la parada del autobús y esperar a que llegase, sin saber nunca si tardaría dos minutos o media hora, así que había que salir con tiempo por si acaso; ahora con las modernas aplicaciones móviles sabes a qué hora aparecerá. No sería la primera vez que he oído decir a alguno de mis hijos: «Me voy corriendo que pierdo el autobús»; en mis tiempos se habría dicho: «Me voy corriendo, no sea que llegue el autobús y lo pierda», porque no sabíamos cuándo iba a ocurrir. Nos encontramos con una gran diferencia que permite aprovechar mejor el tiempo para no tener que estar esperando innecesariamente. Seguro que hay gente que gana dinero con estas aplicaciones.

Pero si en vez de ir en transporte público vas en tu coche, también hemos experimentado muchos cambios. Cuando mi hermana Merce y yo íbamos a la universidad, llevábamos un SEAT 1500 de gasoil, lleno de ruidos por todas partes, del que desconocías si te iba a dejar tirado en cualquier momento; ahora los coches tienen todo tipo de sensores y avisos para decirte si algo falla o va a fallar: el coche de mi mujer lleva semanas avisándome de que la pila de la llave se está agotando. Ahora si algo no funciona aprietas un botón y viene la grúa; antes había que buscar una cabina para llamarla y más te valía que le quedase muy claro en qué lugar estabas. Eso de los móviles y o de poder enviar tu localización es algo bastante reciente, aunque parezca que lleve toda la vida con nosotros. Además, ahora mismo muchos coches ya no necesitan llaves y funcionan con la huella dactilar del propietario o con un mando a distancia, tanto para abrir las puertas como para arrancar el vehículo, algo que también ha dado mucho dinero a algunos emprendedores y empresas; igual que ha cambiado el modelo de los seguros de los coches porque antiguamente estabas con la misma aseguradora toda la vida, pero ahora cambias de compañía más que de camisa: muchas ofertas adaptadas a todos los gustos y necesidades que se encargan de filtrarte los comparadores de seguros para saber en cada momento cuál es el que más se acerca a tus necesidades.

Esto de los comparadores no es solo para los seguros de vida, hogar, coche o cualquier otro; es para infinidad de actividades. Comparar los hoteles o viajes más baratos, o con mejor relación calidad precio, es algo habitual cuando queremos viajar. Pero ahí no acaba todo, porque tras ese viaje viene la valoración, donde cada uno puede poner lo que le venga en gana. Años atrás solo era posible dar tu opinión sobre esos servicios a unos pocos familiares, amigos o conocidos, mientras que ahora lo que tú opinas le puede llegar a todo el mundo. Una mala opinión puede hacer daño en un negocio y varias malas valoraciones pueden hundir ese comercio, algo que tienen muy en cuenta las empresas y que en alguna ocasión ha intentado utilizar algún listillo para chantajear a una compañía y que le salga gratis el viaje o a un precio ridículo: «O me das lo que te pido o te hago una mala valoración».

Tu día sigue: has salido de casa y mientras conduces hacia el trabajo dejas de preocuparte por el aparcamiento porque tienes una aplicación que te permite utilizar una plaza de garaje durante las horas laborales, puesto que previamente has contratado ese servicio que te evita las multas del ayuntamiento y tener que estar buscando aparcamiento. Si un día no llevas el coche, te vas a la parada del autobús o coges un taxi o un *Cabify*, y a todos ellos accedes a través de una aplicación móvil, ya sea para solicitar el servicio o para saber a qué hora llegará a tu parada.

Llegas al trabajo y no recibes ni envías cartas, sino *e-mails*. Si tienes que salir a una reunión y vas en tu coche pones el Google Maps, que te llevará por la ruta más rápida; estamos hablando de una inteligencia artificial que te evitará atascos y otros inconvenientes. En mis tiempos de universitario, y mucho después también, si había un atasco te lo comías enterito sin saber lo que tardarías en llegar a tu destino; ahora la propia aplicación se va actualizando y te informa del tiempo estimado de llegada ofreciéndote rutas alternativas.

Apareces en tu reunión y si estás en sus registros te hacen el reconocimiento facial y no hace falta que saques documento alguno. Termina y te vas a comer a un restaurante que has reservado con el móvil y cuya factura pagas también con él, una gran ventaja para Hacienda, que poco a poco va a lograr acabar con gran parte de la economía sumergida porque cada día se paga en más sitios por medios digitales. Regresas a la empresa a las cuatro y sabes que tienes media hora de formación, pero no va ningún profesor a impartírtela allí, sino que te conectas con tu ordenador y sigues la clase. Si el tema te interesa mucho y quieres profundizar, dispones de miles de cursos gratuitos de todo tipo al alcance de todo el mundo. En los últimos años, YouTube se ha convertido en la gran academia de formación virtual de todo el mundo, la principal, y gratis; aunque no es la única porque muchas universidades se han apuntado a este sistema gratuito de formación. Por supuesto, también hay cursos de pago, pero por qué vamos a pagar por algo que nos puede salir gratis. Acaba tu clase y vas a la máquina del café, que pagas con la aplicación móvil de tu banco y te dedicas a responder wasaps y correos electrónicos mientras te lo tomas.

Después de trabajar tienes que ir al médico, cita que has reservado con el teléfono móvil y que el propio aparato se encarga de recordarte una hora antes mediante una alarma. En ocasiones, esa consulta la haces a través de una vídeollamada, un nuevo sistema de teleconsulta que han sacado algunas aseguradoras; pero en esta ocasión prefieres ir en persona para quedarte tranquilo. Mientras esperas, llamas a tus padres desde la sala de espera y les mandas una foto tuya por WhatsApp de la comida que les va a alegrar el día. A la vez, tu hija te envía las notas al móvil y ha aprobado todo: está siendo un buen día. Sigues esperando que te llame el médico así que, como luego irás a casa, pones la calefacción, también con el móvil. Te recibe el médico: todo está bien, pero quiere que te hagas unos análisis que él mismo solicita con la aplicación del hospital, y te dan el día de la cita y la hora.

Antes de volver a casa, decides comprar ese portátil que tanto te gusta y vas a unos grandes almacenes que tienen muy claro el concepto de *omnicanalidad*, aunque tú nunca hayas oído hablar de él. La *omnicanalidad* consiste en unificar todos los canales en los que la empresa está presente: es un concepto bastante nuevo que busca vender, ya sea en la web del comercio, en la tienda física o a través de cualquier otra plataforma, medios sociales o de cualquier otro tipo; esto logra mejorar la experiencia del cliente y que vuelva a comprar en ese comercio. En este caso, el método de compra que has seguido para este portátil ha consistido en un primer contacto a través de las redes sociales y ha continuado con el envío de un *e-mail* donde te han dado la opción de comprar el producto a través de la tienda electrónica del comercio o acudir directamente a la tienda y adquirirlo en persona; también te han ofrecido ponerse en contacto telefónico contigo. Te decides por la tienda física para llevarte el portátil a casa, pero al llegar no queda ninguno y, como el comercio no quiere perder la venta, te dan la opción de comprarlo a través de la tienda electrónica con un buen descuento. El vendedor es un profesional que conoce muy bien su trabajo y que se maneja a la perfección en todos los medios, tanto el físico como los electrónicos, y él mismo hace la compra delante de ti. Te sientes importante por el trato personalizado y te vas contento porque al día siguiente tendrás el portátil en casa y con un buen descuento. Si el vendedor no hubiese sido capaz de convencerte, habría perdido esa venta porque habrías salido frustrado de la tienda, probablemente no habrías vuelto nunca más, ¡será por tiendas! Pero es un vendedor muy preparado que sabe lo que se hace: ha combinado perfectamente su manejo de la tecnología con su don de gentes, es decir, sus habilidades blandas y las duras. Ha conseguido venderte el portátil, que es de lo que se trataba.

Llegas a casa y le dices a tu asistente virtual, Alexa, Cortana o cualquier otra, que te ponga la música que te gusta y que conecte el televisor para ver las noticias. Una de tus hijas está en casa y te dice que ha cogido tu ordenador y se ha comprado un libro en Amazon; se lo llevarán al día siguiente. Tu hija no necesita tener una cuenta propia en Amazon porque utiliza la tuya y lógicamente eres tú quien paga el libro. En tus tiempos universitarios tenías que ir a la tienda a ver si había suerte y lo tenían; si no estaba lo encargabas y volvías unos días después a comprarlo. Ahora eso ya no ocurre.

Sigue tu día, ahora ya en casa, y resulta que ninguno de la familia tiene ganas de cocinar, algo bastante habitual; así que echas de nuevo mano del móvil y pides la cena, que llegará en menos de media hora: hay infinidad de sitios para pedir comida. Después de cenar, ves un par de capítulos de tu serie favorita en Netflix, porque eso de la tele, sobre todo en las nuevas generaciones, está pasando a la historia; solo la ven para programas muy concretos, partidos de fútbol y poco más. Al final, te vas a la cama, pones el móvil para levantarte a la misma hora de todos los días y vuelta a empezar.

Fíjate si hemos cambiado que la mayoría de las actividades a las que nos hemos referido y que no son ni la décima parte de todas las que podríamos haber citado, han modificado radicalmente nuestra forma de vivir, y también la relación de las empresas con sus trabajadores y viceversa. Quién nos iba a decir en la universidad que los periódicos de papel iban a tener los días contados, que los coches funcionarían sin llaves, que podríamos tener una consulta médica o comprar cualquier cosa sin salir de casa. Todos estos cambios implican nuevas oportunidades, siempre que no nos durmamos en los laureles. Ya sabes, se trata de no quedarnos quietos, aprovechar las oportunidades y ser capaces de saber leer el futuro.

Las generaciones que conocemos

A los seres humanos nos encanta clasificar todo tipo de cosas y nosotros mismos no íbamos a ser una excepción. Por eso, desde hace años, las diferentes generaciones que vienen desde mediados del siglo pasado están clasificadas en una lista, cada una de ellas con unas características muy definidas que marcan y marcarán su relación con el mercado laboral. La primera a la que nos vamos a referir es la de los niños de la posguerra, que va desde 1930 hasta 1948. Luego donde están los de la explosión demográfica desde 1949 hasta 1968, también conocidos como *baby boomers*. Después llegaría la generación X, nacidos entre 1969 y 1979; la generación Y, también llamada *millennial*, entre 1980 y 1999; y la generación Z o *centennial*, nacidos a partir del año 2000.

Los niños de la posguerra (1930-1948)

Ya superan los setenta años y están fuera del mercado laboral; son aquellos que sobrevivieron a la Guerra Civil Española y a la Segunda Guerra Mundial. Es la generación menos numerosa, entre otras razones por las altas tasas de mortalidad infantil con unas condiciones de vida muy duras. Fueron educados en la cultura del esfuerzo y el sacrificio con el fin de sobrevivir a un mundo muy duro, y por ello siempre han sido muy austeros y trabajadores.

Jesús (1947), alto ejecutivo jubilado, piensa que hoy en día el papel de las personas ha perdido peso y que a los trabajadores se los ve como a un simple número y no se valora el desarrollo dentro de la misma empresa: «Hace años era muy distinto: uno podía formar parte de una empresa y era como su familia. Se mejoraba dentro y se valoraba lo que uno hacía; ahora no». Dice que el mercado laboral está mucho peor que en sus tiempos porque cada día hay menos oportunidades para desarrollarse dentro de una empresa: «Los jóvenes con los que hablo están desesperanzados porque se han dado cuenta de que con tener un sueldo, trabajando de lo que haga falta, no pueden plantearse un buen futuro. Lo tienen tan difícil que se conforman con cualquier cosa y no aspiran a más. Nadie ofrece garantías ni oportunidades para mejorar en la carrera profesional». Jesús considera que las expectativas para las nuevas generaciones son pocas por una falta mutua de compromiso: si el trabajador no ve que la empresa apuesta decididamente por sus empleados, estos tampoco apostarán por la empresa; es la pescadilla que se muerde la cola. A pesar de ser totalmente analógico, tiene claro que con Internet se ha generado una revolución increíble: «El conocimiento está en la palma de la mano, en el móvil, al alcance de todos, y tenemos que desarrollarnos en otras líneas. Supongo que la inteligencia artificial y la tecnología lo están cambiando todo. Si los jóvenes se desarrollan en esa línea, el futuro será mejor». Está jubilado y asegura que solo aspira a poder «vivir con serenidad» y enseñar lo poco que sabe a quien se lo pregunte: «Creo que la gente de mi edad tiene muchas cosas que enseñar a los demás».

> **Jesús** (1947), ingeniero jubilado. Hizo su carrera de casi cuarenta años en la misma compañía, donde llegó a ser un alto ejecutivo. Aunque él no concibe otra opción, tiene muy claro que esa situación no se va a repetir con sus nietos, que irán dando tumbos de una empresa a otra y no siempre para mejor.
>
> No le gusta que la gente tenga que crearse ahora su propio puesto de trabajo. No dice que estemos mejor ni peor que hace diez años, sino que es distinto. Se queda con lo que había antes y piensa que ahora no hay más remedio que, como decía Darwin, adaptarse o morir.
>
> Ve el futuro con un optimismo moderado y piensa que la actitud de los jóvenes es muy distinta a la que tenían los de su generación al principio. Quieren todo y lo quieren ya, pero deben entender que sin esfuerzo hay poco que hacer y que necesitan formarse permanentemente. Ahora creen que lo saben todo.

Los *baby boomers* (1949-1968)

Fueron fruto del repunte de la natalidad cuando las condiciones de vida habían mejorado y las condiciones laborales empezaban a ser menos duras si las comparamos con la etapa anterior. El trabajo era más estable y en esos momentos ya se pensaba en la empresa para toda la vida, entrar en una gran compañía y no moverse de ella hasta la jubilación. Esta generación tenía en el trabajo su razón de ser, llegando a ser adictivo y olvidando otras facetas de la vida; todo se basaba en producir y producir, y ser rentable para la empresa; el ocio y la diversión quedaban en un plano muy lejano. Era un momento en el que, aunque persistían la idea de familia tradicional con «la mujer en la cocina con la pata quebrada», muchas de ellas empezaron a incorporarse al mercado laboral, aunque bien es cierto que en la mayoría de los casos eran trabajos no muy cualificados y poco reconocidos social y profesionalmente: generalmente secretarias y otros empleos mucho menos competentes.

Esta generación puede tener problemas a la hora de jubilarse porque es posible que las arcas públicas no sean capaces de asumir todo el coste económico que va a suponer. Por eso desde hace años los diferentes gobiernos, tanto socialistas como conservadores, con mayor o menor éxito, han promocionado los planes privados de pensiones; de momento, ya se les ha retrasado la edad de jubilación. Habrá que encontrar una solución porque esta generación controla las urnas y la calle. Esta posible incapacidad de hacer frente a las pensiones significa que muchos trabajadores jubilados tendrán que seguir intentado conseguir unos ingresos extras, ya sea de forma regular y regulada o de manera irregular. Habrá menos trabajadores para pagar sus pensiones, porque las siguientes generaciones no han sido tan numerosas como esta.

Estos cambios y problemas se van a notar de forma especial a partir de 2050, que parece una fecha muy lejana, pero que en realidad está a la vuelta de la esquina. En esos momentos, según la OCDE, en España habrá setenta y seis personas mayores de sesenta y cinco años por cada cien habitantes en edad de trabajar; en la actualidad, los jubilados son el 30 %. Hemos hablado de personas en edad de trabajar, lo que no significa que todas trabajen, a no ser que alguien haya inventado una pócima milagrosa que haya acabado con el desempleo. España será el segundo país del mundo con mayor porcentaje de ancianos después de Japón.

Alberto (1966) es periodista licenciado con dos másteres y asesor de Comunicación y Relaciones Institucionales. Piensa que en el plano laboral las cosas están siendo cada día más complicadas. Cuando empezó a trabajar se comenzaba desde abajo y había perspectivas de llegar arriba: «Ahora arriba hay poca cosa y las expectativas no son de estabilidad y crecimiento. La suerte, los contactos y la oportunidad pasan a valer más que la capacidad». Alberto cree que hoy en día el mérito no es tan relevante como la afinidad y la amistad para puestos importantes. Ve con cierto pesimismo el mercado laboral «que está peor, en especial para la gente de más de cuarenta años». Se queja de que las ofertas de las empresas son muy inferiores a las de años atrás y de que es insultante ver cómo algunos licenciados trabajan y cobran algo que no es digno para su preparación; aunque peor lo tienen, según él, «los profesionales de más de cincuenta años, expertos cualificados y con mucha preparación práctica, porque no hay sitio para ellos en el mercado laboral. Se desaprovecha el talento en beneficio de los sueldos bajos. Es el peor momento laboral que he visto en mis cincuenta y tres años de vida, treinta y cinco de ellos en el mercado profesional».

Su preocupación es por las nuevas generaciones, que no son las futuras, sino las que ya están en el mercado laboral y que tienen muy pocas opciones: «Conozco casos dramáticos de abogados dando clases de patinaje en el extranjero, de médicos sirviendo en restaurantes o de economistas descargando camiones. Creo que hay cosas que deben cambiar, pero no sé cómo se debe hacer. Tampoco es a mí a quien corresponde hacerlo». Piensa que las nuevas generaciones, en general, son un universo muy amplio; hay de todo: «Conozco gente muy preparada, muchísimo, que recorta su currículum para no impresionar en exceso, y conozco chavales que son vagos y no tienen interés, desconocen la cultura del esfuerzo y el sacrificio. Hay gente preparada de sobra, pero hay otra que no lo está porque no ve futuro y no se preocupa por cambiarlo». Alberto se considera un privilegiado porque trabaja en lo que sabe y lo que le gusta, con dignidad; pero conoce gente que está en un bache y no va a salir de él, y es no por su capacidad, sino por su edad: «Mis expectativas son mantener lo que tengo y aportar a la sociedad lo que sé hacer».

Tiene clara la evolución que está viviendo el mercado laboral y la que seguirá experimentando en los próximos lustros. Piensa que hay gente que debería emprender un negocio, pero que otros no deben hacerlo en ninguna circunstancia, porque para ser emprendedor hay que valer. En su opinión, la mayoría de la gente que crea una empresa o que cambia de sector de manera inesperada lo hace por necesidad y no por voluntad propia: «Lo mejor siempre ha sido estar a nómina de una gran empresa, pero eso se ha acabado. Ya no se va a producir nunca más y hay que estar preparado». Tiene claro que estamos mucho peor que hace diez años: «La situación cambiante del mercado laboral ha transformado el ecosistema y va a seguir haciéndolo. La tecnología ha alterado el paradigma del trabajo como algo propio del ser humano. No sé lo que va a pasar en el futuro, pero las máquinas ya están ocupando el sitio de las personas. No se puede dar la espalda a la tecnología: las máquinas son más efectivas que las personas y no se ponen enfermas. Pero eso va a tener consecuencias y no estamos preparados». Entiende que los procesos mecánicos sean sustituidos por robots: «Tienen claro que el desarrollo de los perfiles tecnológicos va a inundar el mercado. Ya lo están haciendo".

Alberto es autónomo y recuerda que son ellos los que mantienen el mercado laboral, son los que crean empleo y contrataciones: es el origen de las empresas. Los grandes empresarios una vez fueron autónomos y arriesgaron su patrimonio: «En un país con más funcionarios que en el resto del mundo creo que hay que cambiar de mentalidad. Tal vez compaginar un empleo en nómina con una empresa y acciones externas como autónomo sea el futuro». Cree que las cosas van a ir a mejor, aunque ahora están muy mal, en fase de reajuste. Eso puede hacer que se desmoralice la juventud: «Lo que hay que fomentar es la cultura del esfuerzo, del sacrificio y del compromiso con el entorno. No se trata de tener dinero, sino de lograrlo en la creación de valor para la sociedad».

Alberto (1966) es licenciado en Ciencias de la Información, posee dos másteres y ha trabajado en radio, prensa y agencias de comunicación. Tras la etapa de periodismo informativo, comenzó su carrera en

la comunicación corporativa. Ha sido director de comunicación internacional y en la actualidad es asesor de Comunicación y Relaciones Institucionales. Colabora con diferentes empresas en la organización de eventos y promoción de marcas. Opina que las nuevas generaciones creen tener el conocimiento de todo y eso es peligroso.
https://www.linkedin.com/in/albertocalvoibarreche/

La generación X (1969-1979)

Es diferente a la anterior porque, aunque sus integrantes trabajan mucho, también logran un mayor equilibrio entre su vida laboral y personal: son más felices. Están marcados por enormes cambios sociales y tuvieron la suerte de vivir los grandes avances tecnológicos y la aparición y desarrollo generalizado de Internet. En el plano laboral, los que trabajan son más propensos a estar empleados y a aceptar órdenes de sus jefes, preocupándose de equilibrar sus energías entre el trabajo, la familia y el tiempo que dedican al ocio. Son los padres de los *millennials* y se esfuerzan sobremanera para adaptarse a los nuevos tiempos y entender a sus hijos, tarea no siempre fácil. Esta dificultad para comprenderse entre las distintas generaciones no es algo nuevo: ha ocurrido siempre a lo largo de la historia de la humanidad. La generación X es la que controla el poder, tanto político como económico, y suele mostrarse satisfecha con su modo de vida. En el plano laboral cuenta con ventajas que no tenían las generaciones anteriores porque son multitarea, muy activos y están hiperconectados, lo que en un momento dado puede provocar estrés. Han dejado de leer los periódicos en papel y prefieren las ediciones digitales que, además, les permiten consultar infinidad de medios de todas las ideologías y tendencias, lo que les da acceso a un mayor conocimiento crítico de la sociedad actual.

Inma (1970) es experta en gestión de equipos y considera que eso del trabajo para toda la vida ha pasado a la historia. Hay que estar preparado para adaptarse a las necesidades de la sociedad actual y eso sirve tanto para las empresas como sus trabajadores: el que busque «trabajo para toda la vida lo tendrá mucho peor que antes, pero para quien esté dispuesto a reinventarse continuamente puede resultar algo retador y motivador».

Inma cree que «las nuevas generaciones tienen que tener claro que lo único constante son los cambios continuos, que cada vez son más vertiginosos. Tienen que ser versátiles y estar dispuestos a desaprender y aprender continuamente». Otra cuestión es si las nuevas generaciones están suficientemente preparadas. Hay de todo, porque «en estos últimos años he conocido *ninis* que me han parecido bastante patéticos y, sin embargo, he conocido emprendedores muy jóvenes poniendo en marcha sus propias empresas con éxito». Resulta difícil generalizar, aunque está claro que estas nuevas generaciones piensan y actúan de forma diferente y tienen una escala de valores diferente: «Supongo que para algunas situaciones los ayudará y para otras puede que no tanto». Sus perspectivas laborales son seguir disfrutando de su trabajo, teniendo muy claro que es necesario estar en continua reinvención, escuchando las necesidades de sus clientes y adaptando sus servicios según va evolucionando el mercado. Estas expectativas podrían extrapolarse al mercado laboral en general, ya que «hay que mantenerse flexible, dispuesto a adaptarse a los cambios que vengan y a no dejar nunca de aprender nuevas habilidades. Aquí podríamos aplicar la frase de Darwin de que "no sobrevive ni el más fuerte ni el más inteligente, sino aquel que mejor se adapta a los cambios"».

Ella ha probado las dos principales opciones laborales: emprender y trabajar por cuenta ajena. Considera que ninguna de las dos fórmulas es mejor que la otra, todo depende de la situación y de la persona. «Yo he probado ambas opciones y todo tiene sus ventajas y sus inconvenientes. Quien busque un sueldo fijo y cierta seguridad quizá estará mejor en una gran empresa siempre y cuando tenga un trabajo, entorno, jefe y compañeros que sean compatibles y de su gusto. Para mí la experiencia fue muy gratificante cuando estuve en grandes empresas; aunque cuando encuentras tu pasión y luchas por ella y ves el fruto de tu esfuerzo, la satisfacción es enorme». Esa es su situación actual y no la cambiaría por nada (le han hecho varias ofertas en diferentes empresas de buenos puestos y no deja su trabajo actual). Inma considera que el empleo que se está creando en estos momentos es de baja calidad, con bajos sueldos y mucha temporalidad; esto se produce porque «muchas empresas todavía no tienen recursos suficientes para pagar mejores sueldos: aprovechan contratos de prácticas y contratos basura para ir tirando. Las empresas que van creciendo de forma más consolidada quizás estén empezando a mejorar las contrataciones». Ella es parte del colectivo de los autónomos desde hace más de cinco años y piensa que en España no se le pone fácil a este grupo laboral, sobre todo si nos comparamos con otros países de nuestro entorno: «Se ha fomentado mucho el autoempleo en los años de crisis y hemos sido muchos los que nos hemos lanzado; yo he podido "sobrevivir", pero muchos se han quedado en el intento. Es un colectivo que tendría que estar mucho más cuidado y protegido». Ve el futuro con esperanza porque considera que «somos los arquitectos de nuestro propio futuro: las condiciones externas afectan, pero somos siempre dueños de cómo reaccionar a esos factores externos. Lo que no nos mata nos hace fuertes».

Aroa (1978), especialista en asesoría fiscal y laboral, considera que el mercado laboral está en un mal momento, en especial para las mujeres. Denuncia que se habla mucho de la barrera salarial, pero sigue existiendo. Es muy difícil acceder al mercado laboral y cambiar de empleo, «sobre todo para las madres es muy complicado. La conciliación no es una realidad hoy en día, pero tampoco para los padres, no solo para las madres». Cuando le preguntas su opinión sobre si el mercado laboral está mejor o peor que décadas atrás, con prudencia dice que no lleva tanto tiempo trabajando, «pero hablando con gente de más experiencia me confirman que ahora se puede conseguir gente capacitada por poco dinero. Ya no vale lo que uno sabe hacer, sino que lo haga por poco dinero, ya que otro lo hará más barato que tú; la competencia es a la baja. Eso no puede ser bueno nunca». Aroa cree que está en las manos de las nuevas generaciones cambiar este presente tan negro para conseguir un mejor futuro: «Deben ver la realidad y ser conscientes de que nadie les va a llamar, ya que hay miles de personas con su misma capacidad o con más. Si no se fijan en los ejemplos de los más afortunados, sino en el de los que más se esfuerzan, podrán progresar». Señala que las nuevas generaciones «están mucho más preparadas que nosotros. Están viendo que la educación tradicional no es la que garantiza el futuro, sino que deben tender hacia la tecnología y la creatividad. Los jóvenes son más listos de lo que a veces parece, pero deben esforzarse». Ella es trabajadora por cuenta ajena y está contenta porque «es más cómodo trabajar para una empresa y al salir del trabajo poder desconectar.

Esto no es posible si uno trabaja para uno mismo porque, en este segundo caso, exige veinticuatro horas de esfuerzo y dependencia. Todos aspiramos a trabajar para una gran empresa que nos pague cada mes». Sin embargo, se queja de los salarios, que son mucho peores que años atrás, a lo que se añade que hoy en día los trabajos no ofrecen garantías: «Hay una inestabilidad alarmante y casi nadie puede hacer carrera dentro de una misma compañía. Además, al haber más precariedad, o aceptas lo que hay o te buscas otra cosa; y sueles aceptar». Ahora trabaja con muchas empresas y esto le ha permitido tener una perspectiva de futuro. Ha comprobado que los sectores que más van a crecer en los próximos años son los relacionados con la tecnología y los servicios: «La tecnología porque es el futuro y no verlo sería un error muy grande, y los jóvenes están preparados para ello; los servicios porque cada vez hay más gente y las personas requieren atención de otras personas». En todo este proceso de cambio del mercado laboral, Aroa señala que muchos autónomos optan por esa opción como forma de autoempleo porque es la solución a una situación de inestabilidad que te permite ser tu propio jefe, pero que supone muchas más horas de trabajo y más incertidumbre que si lo haces por cuenta ajena. Muchos han optado por esta opción por pura necesidad; de aquellos que tienen éxito, algunos han creado grandes empresas, son innovadores y no tienen miedo a enfrentarse a los problemas cotidianos.

Ve el futuro con cierta esperanza: «Creo que en la vida todo va a mejorar, aunque haya fases de cambio que no invitan a pensarlo; estamos en una de esas fases. Está claro que el mundo es diferente y nosotros debemos adaptarnos a lo que viene. No podemos cerrarnos en banda y negarnos a salir de nuestra zona de confort si queremos salir adelante, tanto nosotros como las nuevas generaciones que se acaban de incorporar al mercado laboral».

Lorena (1973) denuncia la bajada de los salarios en los últimos años a causa de la situación de crisis que hubo. Los empresarios tuvieron que bajar los salarios y no los han vuelto a ajustar a la realidad. «Creo que, por lo que he visto a lo largo de mi carrera profesional, en muchas empresas sigue estando la vieja cultura española de seguir calentando silla en lugar de ser más productivo». Considera que ya no existen trabajos donde vayas a desempeñar la mayor parte de tu carrera profesional, sino que se está girando más hacia el emprendimiento y el autoempleo. Estos cambios constantes se ven influidos por la globalización. Piensa que «las nuevas generaciones deberían enfocarse más en la productividad y en el cliente como centro para ser más profesionales en el servicio o producto que se ofrezca». Además, cree que «hoy en día toda la cultura de redes sociales no ayuda mucho a los jóvenes para poder comunicarse con el resto de las personas tanto en el ambiente laboral como en el personal». Lorena está convencida de que las nuevas generaciones no están preparadas para lo que se avecina; no tiene muy claro si estos nuevos trabajadores lo harán mejor en una empresa o emprendiendo su propio negocio: «Depende de lo que cada persona busque, en lo que se sienta más segura o lo que le guste más. Pienso que cualquiera de los dos caminos está bien, siempre y cuando exista una profesionalidad detrás, aunque creo que el mundo laboral está yendo más hacia el emprendimiento».

Respecto a los salarios, reitera que estamos peor que hace diez años, que las condiciones laborales en general tampoco son mejores y opina que «si tiene mucho que ver la situación que vivimos de crisis junto con el tema de la pérdida de valores en la sociedad actual». Se duele de que se extienda el empleo precario respecto a salarios y también respecto a las condiciones de temporalidad. Para el futuro apuesta por la «creación de empleo en los sectores de ventas, telecomunicaciones, ingenierías y todo lo que tenga que ver con informática, el *marketing* digital y la experiencia del cliente, el análisis de datos respecto al cliente y la digitalización de las empresas. También empleos que apuesten por poner en valor más el talento de las personas en lugar del currículum». A pesar de la situación, afirma que el futuro siempre se debe de afrontar con optimismo porque siempre hay salidas, soluciones, y porque donde hay un problema se crea siempre una oportunidad: «Y en un mundo donde el cambio y el movimiento son tan rápidos, siempre surgirán nuevas oportunidades; eso sí, para gente que sepa adaptarse al cambio».

Después de terminar su ingeniería con un 8/10 y a curso por año, **Inma** (1970) se encontró con un 25 % de paro, por lo que decidió irse fuera de España y estuvo diez años trabajando en Irlanda y Holanda, donde llegó a dirigir la producción a nivel europeo de una gran multinacional (Lexmark). Después, regresó a España con un gran CV que le permitió encontrar trabajo y regresar a su ciudad natal. Finalmente, durante la crisis en 2013, un ERE la obligó a reinventarse descubriendo su pasión como consultora en desarrollo de líderes y equipos de alto rendimiento. Las dificultades que ha encontrado en el camino le han servido para superarse como persona y como profesional, saliendo al extranjero y montando su propia empresa. Se enfrenta al futuro con ilusión. Le gusta tanto lo que hace que no se ve jubilándose, aunque es consciente de que necesita renovarse año a año si quiere seguir siendo una empresa sostenible.

https://www.linkedin.com/in/inmarios/

Aroa (1978) es diplomada en Empresariales y ha realizado formación específica en materia financiera, laboral y jurídica. Es especialista en Asesoramiento Fiscal y Laboral. Ha ocupado puestos de responsabilidad en distintos departamentos financieros. Después de más de veinte años de experiencia, y tras haber trabajado en otros sectores, desarrolla su labor como asesora fiscal para empresas y particulares. Cree que no existe la conciliación laboral para las madres de familia y eso dificulta el desarrollo profesional.

Lorena (1973) siempre ha trabajado por cuenta ajena. Ha tenido muy buenas experiencias en empresas multinacionales donde la cultura del empresario es bastante diferente a la del español: más práctica y eficiente, más enfocada en el cliente y en dar valor a las propuestas que vienen de los empleados, a tener en consideración sus puntos de vista, los pros y los contras que pueda tener un servicio o un producto o en la forma de trabajar de una persona. Considera que la cultura del empresario español debería evolucionar y no ser tan subjetiva, sino situarse en un plano donde pueda verse toda la película desde fuera, llevar a cabo una estrategia de digitalización y desarrollo de la empresa y de los empleados. Desde 2017 es emprendedora, un trabajo muy sacrificado que exige mucho esfuerzo, responsabilidad y disciplina. En ocasiones los niveles de estrés y de trabajo son muy altos, pero también es muy gratificante ver que se saca adelante un proyecto, que se puede ser más creativo de lo que se piensa, que se puede aportar muchas más cosas que las que se cree y que se puede crear un equipo muy bueno de personas donde el talento y la colaboración fluyan, donde se aprenda de los errores y de los éxitos, y donde siempre se esté en constante movimiento. El emprendimiento ayuda a no conformarse, a no quedarse parado y a seguir hacia delante. Piensa que en un país donde el tejido empresarial es fundamentalmente de pequeños empresarios y autónomos, es muy importante respaldarlo, apoyarlo e incentivarlo.

https://www.linkedin.com/in/lorenadiazn/

La generación Y o *millennial* (1980-1999)

Está muy adaptada a la tecnología. En la vida virtual y la real son más cuidadosos con sus datos y sus expresiones que la siguiente generación, los *centennial*, y son selectivos a la hora de compartir cosas en Internet. Son multitarea, pero no adictos al trabajo, probablemente porque vieron el ejemplo de sus padres y no están dispuestos a caer en lo que ellos consideran que es un error. Suelen ser emprendedores, lo que no significa que tengan que montar negocios, pero sí lanzarse a nuevos retos. Muy creativos, procuran trabajar en lo que les gusta y están dispuestos a perder dinero a cambio de un trabajo que los haga felices.

También se la ha denominado la generación perdida, apática y de los *ninis* que ni estudian ni trabajan ni se forman; estos últimos serán los que ocupen los trabajos menos cualificados en el futuro, trabajos manuales incómodos que no querrán ocupar los otros jóvenes de su generación que sí se han preparado para su futuro laboral y lo siguen haciendo de forma continuada. Son la única generación que ha vivido en los dos mundos: la era anterior a Internet y la era digital. Viven en contacto con las nuevas tecnologías y se adaptan con rapidez a los cambios globales buscando siempre el equilibro entre la vida personal y laboral. Se da la curiosa circunstancia de que a estos *millennials* se los divide en dos partes: los primeros son los *viejos*, que ahora tienen cerca de los cuarenta años; los segundos son los *jóvenes*, con veintitantos. Algunos analistas consideran que esta generación está rota y se ha dividido en dos en función de la relación que unos y otros tienen con la tecnología, porque unos empezaron en la época analógica y los otros ya son totalmente digitales, nativos; y todo esto también se refleja en el mercado laboral. Algunos de estos *millennials* se sienten frustrados y frenados por otros de su misma generación, pero que tienen una cultura más propia del mundo predigital.

Si decíamos que los *baby boomers* lo van a tener difícil a la hora de cobrar la jubilación, la situación de los *millennials* puede ser dramática: más vale que se vayan poniendo las pilas y buscando vías alternativas de ingresos. Algunos de estos piensan que la situación general en España sigue estando por debajo de lo que se encuentra en otros países considerados del mismo nivel; esto se produce porque hay muchas profesiones que no se valoran tanto como en el extranjero, por eso las expectativas laborales de las nuevas generaciones dependen, en gran medida, de los sectores en los que piensen trabajar, y deben tener claro que el empleo que busquen puede desaparecer antes de que terminen su formación y deberían tenerlo en cuenta para reaccionar rápido.

Muchos de ellos no tienen demasiado claro si es mejor trabajar en una gran empresa o emprender su propio negocio porque depende de la persona. No se ponen de acuerdo en si estamos mejor o peor que hace diez años teniendo en cuenta que no todos los sectores han desarrollado el mismo crecimiento. En cualquier caso, sí apuestan por la innovación y por ocupaciones que den soluciones que permitan avanzar a la humanidad porque es el tipo de empleo que nunca ha dejado de crearse. Los nuevos empleos que se inventan y los que desaparecen son otro factor que preocupa a estos *millennials*, porque el sector de la tecnología crea y destruye empleo de forma muy notoria. Esto se debe a que se requieren personas para crear máquinas que automaticen algunas labores y quitar puestos de trabajo a las personas que hasta ahora realizaban esas tareas. Algunos ven el futuro con pesimismo porque la tecnología avanza, la automatización avanza, la inteligencia artificial avanza y se preguntan qué va a ser de las personas, qué va a ser de ellos, cuando la mayoría de los empleos puedan ser realizados por máquinas.

Esther (1990) no ve con mucho optimismo el futuro laboral desde su punto de vista: «Por lo que veo a mi alrededor, las nuevas generaciones, a no ser que sean ingenieros, no están bien pagados, por lo que veo difícil que se emancipen y puedan empezar a vivir por sí mismos antes de los treinta años». Considera que esta situación no va a cambiar y los jóvenes van a tener que «seguir emigrando a otros países para tener mejores expectativas y calidad de vida», todo ello a pesar de que muchos están muy bien preparados; pero la sociedad y el mercado no ayudan. A Esther le gustaría que los salarios que se ofrecen desde un primer momento se incrementaran para que, entre otras cosas, los jóvenes puedan tener más independencia. En cuanto a trabajar en una gran empresa o emprender un negocio, considera que «por un lado, sería mejor trabajar en una gran empresa si los salarios fueran los adecuados, pero visto que hoy en día los salarios no son muy altos, al final muchos jóvenes buscan emprender. El problema es que no todo el mundo vale para emprender».

Para ella parece claro que estamos mucho peor que hace diez años porque los sueldos no han subido en la misma proporción que el nivel de vida y la vivienda también se ha encarecido mucho, lo que impide que los jóvenes se puedan independizar y, como consecuencia, poder tener hijos. Por lo general, las empresas no ofrecen buenas condiciones cuando contratan a los profesionales: les ofrecen sueldos bajos, malos horarios (con, por ejemplo, dos horas para comer, con lo cual ya se sale muy tarde de trabajar y no puedes hacer otras cosas después del trabajo ni conciliar tu vida familiar) y, además, les exigen tener mucha experiencia: «Creo que estamos mucho peor que hace diez años, pues no solo ofrecen pésimas condiciones, sino que muchas veces se exige tener mucha experiencia desde un principio y si no te dan la oportunidad de trabajar nunca podrás tener esa experiencia, con lo que nunca encontrarás un buen trabajo». Denuncia que se está creando un empleo precario, mileurista, que con bajos sueldos se contrata a muchos profesionales muy bien preparados y se aprovechan de que no van a encontrar trabajo en otro sitio con mejores condiciones porque el rango salarial es el mismo en todos lados. En cuanto a los mejores sectores laborales: «Creo que los sectores que crean más empleo son los que tienen que ver con la tecnología y la ciencia, en especial la medicina, ya que continuamente nos encontramos con avances tecnológicos y científicos y cada vez se demandan más profesionales con estos conocimientos. Además, todas las empresas necesitan informáticos, por lo que este sector no creo que descienda». Pero también hay que citar los sectores que pierden empleo y corren el riesgo de desaparecer: «Las librerías físicas, por ejemplo, destruyen empleo porque no se han sabido adaptar adecuadamente a los avances tecnológicos, ya que nos encontramos por ejemplo con tiendas *online* que en el mismo día te pueden tener el producto en casa sin necesidad de moverte del sofá; y así ocurre con otros muchos tipos de negocio».

Esther ve el futuro en España con pesimismo, ya que no cree que la situación vaya a mejorar en un corto o medio plazo: los salarios no van en aumento, las condiciones laborales no mejoran y no se tiene en cuenta el nivel de experiencia. En muchos casos no se tiene en consideración que un candidato haya vivido varios años fuera de España: «Muchas veces te dicen que las empresas lo valoran, pero en mi caso he visto que no es verdad». Su experiencia laboral ha sido positiva porque ha aprendido cosas nuevas trabajando, aunque, por ejemplo, en su primer trabajo tenía un contrato indefinido y despidieron a casi todos los empleados por problemas económicos de la empresa, lo que quiere decir que un contrato indefinido hoy en día no significa nada: «Ahora mismo tengo un contrato temporal y lo que destacaría es que no hay una estabilidad laboral: nadie sabe cuánto tiempo va a durar en su puesto de trabajo, por lo que los contratos, a mi modo de ver, por muy indefinidos o temporales que sean, no valen mucho. El futuro lo veo incierto y creo que no se están poniendo medidas para mejorar esta situación».

Miriam (1994) cree que actualmente el mercado laboral está cambiando mucho, pero lo que no cambian para mejor son los sueldos, que cada vez son más bajos. Piensa que lo que ha transformado desde que empezó a trabajar hace algunos años es que «cada día es más difícil encontrar un buen empleo, ya que cada vez piden más y más cosas para trabajar, además de la experiencia, y por el mismo precio o por mucho menos sueldo». Considera que la situación no mejora, sino todo lo contrario, porque «sigue siendo muy difícil encontrar un empleo, sobre todo de lo que uno ha estudiado o a lo que se quiere dedicar. Lo normal es que te ofrezcan trabajos basura, muy mal pagados y con jornadas laborales extenuantes». En cuanto a las expectativas de las nuevas generaciones, «tienen que tener en cuenta que muchos de los empleos que existen hoy en día van a desaparecer, por lo que debemos ser capaces de aprender a leer el futuro para ver hacia dónde se dirige el mercado laboral. Habrá gente muy preparada con buenos salarios y otra no tan preparada con salarios regulares o muy bajos. La diferencia está en la formación y la capacidad de trabajar en equipo, lo que denominamos las habilidades blandas y duras». Miriam cree que estas nuevas generaciones no están del todo preparadas porque en muchos casos se considera el trabajo como una maldición y, además, no estudian y no se forman: «Lo cierto es que en estos casos o heredan dinero o propiedades, o lo van a tener muy difícil, porque sin estudios no hay una buena preparación».

Sus expectativas laborales en estos momentos son seguir en el trabajo que tiene actualmente por las mañanas e intentar obtener un trabajo por las tardes para conseguir más experiencia e ir ahorrando. Lo que no tiene muy claro es si es mejor trabajar en una gran empresa o emprender tu propio negocio porque depende, ya que «si eres una persona comprometida y con liderazgo puede ser bueno emprender un negocio. Por otro lado, existe la opción de trabajar en una gran o pequeña empresa, teniendo en cuenta que, en mi opinión, lo importante no es el tamaño de esa compañía, sino que tengas un futuro en ella». No tiene muchas referencias del mercado laboral de hace diez años, pero considera que estamos algo mejor, y recuerda que se está creando empleo sobre todo en la parte digital; todo el tema de Internet, redes sociales e inteligencia artificial: «Los sectores que crean más empleo son la educación, las construcciones, el transporte, el sector de la sanidad y la hostelería, principalmente». Reivindica el protagonismo de los autónomos, «que han sido en muchas ocasiones los que han tirado del carro de la economía española. Su protagonismo es el riesgo que toman al emprender un negocio. Cada vez es más común en España tener una idea empresarial y convertirla en negocio».

Piensa que los jóvenes no se esfuerzan por tener un futuro mejor porque «es más cómodo ir a lo seguro y no complicarse la vida». Tiene algo de miedo a cómo serán las cosas dentro de unos años: qué estará haciendo, si trabajará de lo suyo o al menos de algo que le guste. «Gracias a mis padres estoy intentando formarme en más cosas porque no sabemos qué pasará dentro de unos años. Hay que intentar estar preparado para todo y adelantarse al futuro».

Jesús (1996) ve que el mercado laboral cambia mucho y ya no es suficiente con tener una carrera o un máster universitario, sino que es muy necesaria la autoformación y la especialización en un ámbito concreto. Esto facilita el aprendizaje, ya que «disponemos de herramientas para aprender que antes no teníamos y hay que adaptarse a esta nueva formación». Considera que la situación es mejor que años atrás porque no nos saturamos de conocimientos y sí de experiencia, algo imprescindible para mantenerse en este mercado laboral continuamente cambiante; es necesario tener la posibilidad de poner en práctica lo que aprendemos simultáneamente.

Al hablar de las nuevas generaciones, Jesús señala que tienen ante sí una situación diferente que «las anteriores no hemos tenido porque estas nuevas han nacido en un mundo totalmente digital, y su forma de aprender y trabajar no experimentará revoluciones como la nuestra, ya que ellos son la revolución en sí y se tienen grandes expectativas sobre ellos para evolucionar digitalmente». Está seguro de que estas nuevas generaciones están muy preparadas para lo que se avecina. Es un hecho que están más preparadas en comparación con las anteriores, pues ellos han nacido en un mundo digital y viven con estas tecnologías desde que tienen uso de razón. Y si hablamos de expectativas, señala que «actualmente mis expectativas son más profesionales que laborales: la diferencia radica en que tener expectativas profesionales no solo implica tener un buen trabajo, sino adquirir conocimientos y habilidades que me permitan desarrollar una misma actividad en distintos contextos». Considera esencial adquirir prestigio y experiencia, ya que no podemos crecer si no tenemos un objetivo al que queramos llegar y tampoco si carecemos de esa experiencia y reputación para conseguir los objetivos que nos propongamos.

Se considera preparado para afrontar lo que vaya sucediendo en el mercado laboral y afirma que «estamos mejor teniendo en cuenta que cada vez surgen nuevos empleos para los que se adquieren nuevas competencias y conocimientos, para lo cual tenemos a nuestra disposición infinitos modos y herramientas para formarnos y adaptarnos a este nuevo mercado laboral».

Esther (1990) se marchó a Estados Unidos a mejorar su inglés tras haber estudiado la carrera de Periodismo y un máster en Historia y Antropología de América. Después de vivir dos años en Nueva York, volvió y se enfrentó a un mercado laboral en España que no es nada fácil. Una vez en el país, escribió dos libros: *Carisma y Empatía* y *Vender en las plataformas digitales*, este último sobre el fracaso que tuvieron su hermana, su padre y ella al abrir una tienda en Amazon. En la actualidad combina otras ocupaciones con la dirección de una tienda de *infoproductos*. Trabajó durante más de un año como *community manager*, redactora de artículos y gestora del soporte a usuarios de una empresa española; perdió su empleo debido a los problemas económicos que arrastraba la compañía. Tras unos meses en el paro y ver lo difícil que está el mercado laboral en España para los jóvenes, aun sabiendo idiomas y estando muy preparada a nivel de estudios, en marzo encontró un trabajo temporal cubriendo una baja por maternidad en una multinacional inglesa. Las dificultades que se está encontrando la hacen darse cuenta de que en España parece que la situación laboral no va a mejorar y que las opciones que quedan para encontrar un buen trabajo son o bien emprender (teniendo en cuenta que no todo el mundo vale para ello y que el que lo haga seguramente fracase la primera vez) o bien salir al extranjero.

https://www.linkedin.com/in/estherroni/

Miriam (1994) tiene un máster de Community Manager y Social Media y un grado superior de Agencias de Viajes y Gestión de Eventos. Además, cuenta con más de cinco años de experiencia como *community manager*. Ha escrito tres libros junto con su padre Juanma y su hermana Esther: *Carisma y Empatía*, *Vender en las plataformas digitales*, en el que cuentan el fracaso que tuvieron al abrir una tienda en Amazon, y, por último, *LinkedIn B2B para empresas*. En estos momentos está trabajando en el Grupo F. Tomé como *social media*.

https://www.linkedin.com/in/miriamsocialmedia/

Jesús (1996) ve el futuro con esperanza, ya que hace unos años era inimaginable creer que podría darse un cambio tan abrupto en el mercado laboral y que iba a ser tan sencillo (aunque en ocasiones costoso) adquirir la formación específica para estas nuevas profesiones que surgen. La experiencia laboral de Jesús ha sido, principalmente, en hostelería, trabajo que ha realizado a la vez que seguía formándose de forma *online* (una ventaja para la gente que tiene problemas para asistir a clase o cualquier problema relacionado con la formación presencial). Este adiestramiento le ha permitido ser más polivalente, sobre todo a la hora de realizar las prácticas en empresa tras la correspondiente formación. Considera que en un futuro la polivalencia y la disponibilidad para formarse o trabajar será primordial a la hora de adquirir nuevas competencias.

www.linkedin.com/in/jesús-romero-nieva

La generación Z o *centennial* (a partir del año 2000)

Son los verdaderos nativos digitales, porque desde su niñez han utilizado Internet como una herramienta más de su vida cotidiana. Están muy informados de todo lo que ocurre a su alrededor que les interesa porque tienen acceso a infinidad de canales de información. Además, son autodidactas porque muchos de sus conocimientos los han adquirido a través de tutoriales; si la explicación de su profesor no les convence o no la entienden se informan por otros medios, generalmente YouTube. Nada de la tecnología les resulta ajeno y pasan muchas horas frente a la pantalla. Muchos de ellos no han hecho estudios especiales de inglés, pero son casi bilingües gracias a Netflix y a que se comunican con cualquier parte del mundo a través de chats y otros sistemas.

Si los comparamos con los *millennials*, los *centennials* son mucho más pragmáticos: son innovadores, pero buscan idear con lo que hay a su disposición. La mayoría todavía no ha accedido a la vida laboral, sino que se están formando en estudios acordes con su vocación. Son mucho más abiertos y tolerantes que el resto de las generaciones anteriores, proba- blemente por su mayor y más fácil acceso a este mundo globalizado en el que se mueven como pez en el agua. Igual que ocurre con los *millennials,* buscan trabajos que les permitan conciliar la vida personal y laboral con horarios flexibles y con la posibilidad de trabajar desde casa o desde cualquier otro lugar que no sea la oficina tradicional. Ambos saben que se los va a juzgar por los resultados, no por las horas que pasen sentados frente a una mesa. Su filosofía en muchos casos, sobre todo en los *millennials* porque los otros todavía no han accedido al mercado laboral, se basa en convertirse en nómadas digitales que puedan trabajar desde cualquier sitio a cualquier hora de día o de la noche. Muchos de estos trabajan por su propia cuenta para una o varias empresas (*freelances*) mientras que otros prefieren ser trabajadores fijos de una compañía, generalmente de carácter tecnológico, *marketing* o diseño, entre otras; y todo gracias a esas herramientas digitales que permiten que la comunicación sea mucho más fluida para trabajar a distancia.

A la hora de elegir dónde trabajar, evalúan y valoran factores como el coste de la vida de una ciudad, si pueden trabajar desde cualquier otro sitio y otras variables; pero no nos engañemos, esto solo se lo pueden permitir los más preparados, el resto seguirá yendo a la oficina porque no tienen capacidad de presionar, ya que sus conocimientos no son tan valiosos como para poder exigir lo que sí han logrado sus compañeros más cualificados. Se han criado en plena crisis bajo la amenaza del cambio climático y el terrorismo. Son muy críticos con la situación actual y consumen no solo en función de sus gustos, sino también de otros criterios como la sostenibilidad, el comercio justo, etc. Han recuperado la conciencia social que parecía haber desaparecido en las generaciones anteriores.

Miguel (1998) es un *millennial* con mentalidad de *centennial*. Piensa que el mercado laboral ha ido ampliándose gracias al surgimiento de nuevos oficios y ocupaciones, y a la globalización de la economía. Cree que la situación es mejor que hace unos años porque considera que «hay oferta de mayor calidad, la gente tiene más opciones a elegir y hay oportunidad de una formación más amplia y que les va a dar mayor cualificación profesional». Considera que las expectativas para las nuevas generaciones, «en teoría, deberían ser buenas. Se les ofrece un abanico de oportunidades y profesiones que hace décadas no existía o era impensable»; otra cuestión diferente es cuando nos planteamos si estas nuevas generaciones están preparadas para lo que se avecina, porque es cierto que «tienen herramientas con las que poder desenvolverse en cualquier entorno laboral con más facilidad que hace quince años; sin embargo, el problema siempre es la predisposición que tengan estas generaciones para tomar parte en la actividad laboral. En mi opinión, tienen los medios pero, ¿también la voluntad para hacerlo?». Miguel espera poder dedicarse a lo que le gusta y tener una carrera profesional larga y en la que siempre aprenda cosas nuevas que le ayuden a mejorar en el desempeño de sus funciones. En cuanto al emprendimiento, su idea es «trabajar en una gran empresa y con la experiencia laboral acumulada emprender un negocio propio».

No tiene muy claro si estamos mejor o peor que hace diez años. «La revolución de las nuevas tecnologías ha hecho que se puedan llevar a cabo tareas con más facilidad y en menos tiempo, incrementando la producción y, por lo tanto, también el crecimiento de las empresas y el surgimiento de otras nuevas; pero también esta revolución ha provocado que ciertos tipos de ocupaciones desaparezcan o vean reducido su número, porque se han sustituido empleados por *software* o *hardware* que no necesitan ni remuneración ni formación profesional. Además, se ha robotizado, en cierta medida, la economía de los países». Ve el futuro con cierto optimismo porque «hace veinte años era impensable poder tener información en tiempo real y conocimiento al alcance de la mano y gracias a un dispositivo del tamaño de una pequeña libreta de bolsillo. Continuamente llevamos el límite de lo conocido a un nuevo nivel y eso siempre debe ser motivo de optimismo. La cosa está en qué cometido tendrán todos los nuevos avances que alcance el ser humano y sus consecuencias, tanto buenas como malas».

Elena (2001) es una *centennial* sin experiencia laboral que estudia una carrera universitaria. Ve bien el mercado laboral, ya que hay una gran variedad de oficios y oportunidades, y considera que está mejor que años atrás porque «hay más trabajos y oportunidades de las que había hace unos años». Piensa que las expectativas para las nuevas generaciones son buenas y señala que, en su opinión, «las próximas generaciones van a estar muy formadas y, por lo tanto, muy preparadas para lidiar con lo que se les eche encima». Está estudiando primero de Filosofía y reconoce que, ahora mismo, no tiene expectativas laborales, y eso de emprender no le llama mucho la atención: prefiere desarrollarse profesionalmente en grandes corporaciones porque «al trabajar en una gran empresa tienes ciertas garantías».

Es optimista y dice que vivimos mejor que hace diez años porque «entonces estábamos en una crisis y ahora estamos saliendo de ella». Es muy consciente de cómo está evolucionando el mercado laboral y considera que «el sector que más empleo crea es el del turismo. En cambio, cada vez hay menos personas que realizan trabajos manuales debido a los avances tecnológicos, la mecanización y la robotización de muchos puestos de trabajo». Aunque mira con cierto optimismo la situación actual, si hablamos del futuro lo ve «con pesimismo porque soy así de agorera».

Miguel (1998) es un joven de veintiún años que está estudiando Administración y Finanzas. Utiliza frecuentemente las redes sociales, siempre teniendo en cuenta la importancia de la precaución y la privacidad. Aunque nunca ha visitado un país anglosajón, ha sido capaz de aprender inglés por medio de los videojuegos *online* y las plataformas de películas y series hasta el punto de hablarlo y escribirlo con fluidez. A pesar de lo que estudia actualmente, su intención es hacer carrera militar y para ello pretende ampliar sus conocimientos de todas las maneras posibles. Siempre está predispuesto a aprender más con tal de avanzar en su futuro profesional.

Elena (2001) es una chica de dieciocho años que está estudiando Filosofía. Posee un amplio dominio de las redes sociales y tiene muy claro que la privacidad y la seguridad es una parte muy importante de las mismas. Aunque no ha salido más de dos semanas de España y solo ha estudiado dos asignaturas en inglés, es prácticamente bilingüe gracias a Netflix y otras plataformas de vídeo que conoce el idioma. Considera que las carreras de ciencias, denominadas STEM, son una buena salida laboral; pero ella apuesta por la filosofía porque alguien tendrá que programar, interpretar y hacer las preguntas adecuadas a los robots.

Mis héroes favoritos

Todos tenemos referentes en los que nos miramos, de los que aprendemos y a los que admiramos; la mayoría de los míos ya están muertos y ha dado suficiente tiempo para que se conozca su trabajo y su vida, y para que asimilemos y valoremos sus enseñanzas. Los líderes tienen claro la indudable relación entre la motivación y el rendimiento laboral, una motivación que puede ser económica o de otro tipo; deben invertir parte de su tiempo y esfuerzo en conocer los intereses y lo que motiva a los trabajadores. Es cierto que un dirigente de una empresa de veinte mil empleados no puede ocuparse de ellos de uno en uno, pero puede buscar y encontrar una fórmula para lograrlo: todo es ponerse a ello para conseguir el mejor clima laboral posible. Debe ponerse en la piel de sus subordinados e intentar adivinar qué piensan, qué sienten y qué esperan de la empresa; todo ello tratándoles de tú a tú, con humildad, sin aprovecharse de su posición de poder. Un líder listo sabe que, precisamente, él no es el más listo y que necesita de los otros para seguir brillando: él solo no va a brillar absolutamente nada, quizá sí durante unos segundos, pero su luz se apagará enseguida. La humildad debe combinarla con la autoestima y para ser capaz de hacer bien su trabajo ha tenido que sufrir los avatares de la vida y haberlo pasado mal tanto profesional como personalmente. Es la única forma de poder desplegar la empatía que nos permita intentar ponernos en la piel de nuestros colaboradores.

La verdad es que ser un líder es insoportable en muchos momentos porque siempre tienes que estar con la sonrisa en la cara, aunque los otros estén mal y tú también, porque todos se fijan en ese líder y si lo ven así, el pesimismo se adueñará de la organización. Además, ese buen líder sabe que comunicar no es llegar a todo el mundo ni mucho menos, sino saber quién es su público y ser capaz de conectar con él. Y debe ser valiente y arriesgar, porque sin riesgo no hay futuro, y más en estos tiempos de revolución digital. El líder que quiera serlo debería atreverse porque, como decía Séneca, «no nos atrevemos a muchas cosas porque son difíciles, pero son difíciles porque no nos atrevemos a hacerlas»; pero, además, hay que hacerlas a su debido tiempo y no dejarlas para mañana. El duque de Wellington, que pasó a la posteridad por derrotar a Napoleón en la batalla de Waterloo, en una ocasión se refirió a su éxito en la vida. Señaló que para alcanzarlo solo tuvo que «hacer las tareas cotidianas» el día que tuvo que hacerlas. Está claro que nunca se hizo el remolón dejando sus obligaciones para otro día y buscando excusas para no realizarlas a su debido momento: seguía al pie de la letra la máxima de «no dejes para mañana lo que puedas hacer hoy». Cualquier líder que se precie sabe que para triunfar hay que ser perseverante. Eso le ocurrió a un hombre, que a los treinta y un años fracasó en los negocios, a los treinta y dos fue derrotado como candidato en unas elecciones legislativas, igual que a los treinta y cuatro; a los treinta y cinco años sobrellevó con entereza la muerte de su amada esposa, a los treinta y seis sufrió un colapso nervioso, volvió a perder unas elecciones a los treinta y ocho y no consiguió ser elegido congresista a los cuarenta y seis ni tampoco a los cuarenta y ocho. «Menudo inútil», debían pensar sus conciudadanos. Era un perdedor que a los cincuenta y cinco tampoco logró ser elegido senador y a los cincuenta y seis fracasó en su intento de ser vicepresidente de su país. Nueva derrota a los cincuenta y ocho cuando no fue elegido senador. Sin embargo, a los sesenta fue elegido presidente de los Estados Unidos. Este señor cuya gran virtud fue su confianza en sí mismo se llamaba **Abraham Lincoln**, y ha sido uno de los presidentes más importantes que ha tenido ese país. Parece claro que el éxito favorece a los perseverantes: nunca hay que rendirse.

Si hay alguien a quien admiro por encima de casi todos ese es **Winston Churchill**, un hombre singular que fue capaz de mantener unido a su país en su peor momento histórico. Lo logró con una combinación de liderazgo, de buena comunicación, de sentido común y de mesianismo, porque él actuaba como un mesías; y todo ello a pesar de que se cuenta que en su caso su cuerpo no estaba formado en sus dos terceras partes por agua como le ocurre al común de los mortales, sino que un buen porcentaje era de alcohol. Le gustaba beber y era extravagante, pero, por encima de todo, era un patriota dispuesto a salir con éxito de una guerra en la que él había querido meterse porque era la única solución para vencer a los nazis. Durante la contienda no prometió la victoria, aunque la tenía como objetivo: sus compatriotas escucharon infinidad de veces aquello de «nada puedo ofrecer aparte de sangre, esfuerzo, lágrimas y sudor», una frase que se le atribuye a él, pero que ya había sido pronunciada previamente por diferentes personas en varios países a ambos lados del Atlántico. El apoyo de su pueblo durante la guerra era casi unánime, pero posteriormente perdió el poder; después de que su partido conservador perdiera las elecciones generales de 1945, Churchill lideró la oposición; pero era un hombre perseverante y en 1951 logró volver a ser primer ministro.

Churchill agrupó lo que a todo buen líder le gustaría lograr, porque consiguió ser un buen líder político con un gran reconocimiento intelectual, premio Nobel de Literatura incluido. Dominaba perfectamente lo que nosotros denominamos las habilidades blandas, con una gran capacidad de oratoria con la que logró inspirar, motivar y levantar la moral de sus compatriotas. Como todos los grandes líderes, políticos o empresarios, tenía sus manías y extrañas costumbres: era un hombre obstinado y terco, lo que compensaba en gran medida con su gran sentido del humor y su actitud positiva y optimista, aunque a lo largo de su vida sufrió varias depresiones. Confiaba plenamente en sí mismo, una característica inherente a cualquier líder que quiera llevar a cabo una empresa extraordinaria. En sus discursos radiofónicos supo motivar a su pueblo, darle la esperanza y la fuerza necesarias para que el país saliese adelante a pesar de estar al borde del abismo; fue el líder de una gran empresa formada por todo el pueblo británico. Probablemente hoy en día sus discursos tendrían que haber estado más centrados en las redes sociales que en la radio o la televisión: no me puedo ni imaginar a Churchill haciendo un Instagram *live* o dando un *like* en Facebook, aunque sí me lo imagino comunicándose por Twitter.

Independientemente de que hablemos a nivel político o empresarial, lo cierto es que la relación entre motivación y rendimiento está fuera de toda duda. El ciudadano motivado se compromete a muerte con el objetivo de ganar la guerra, el profesional motivado se compromete mucho más con la empresa que otro que no lo esté y trabaja más duro para lograr los objetivos, sin olvidar que esta motivación le lleva a buscar nuevos retos, lo que beneficia a la compañía. Sin embargo, la desmotivación puede llevar a todo lo contrario: en el caso de Churchill, a perder la guerra, algo que no se podía permitir. Y si hablamos de una empresa con fines económicos, esa desmotivación desembocará en la insatisfacción laboral, en el desinterés por el trabajo que hay que realizar, en la despreocupación por los objetivos y en el incumplimiento de la tarea encomendada.

Otro hombre digno de admiración es **Henry Ford**, magnifico emprendedor y empresario. Empezó de la nada, de una familia de granjeros pobres. Podemos recordar que inventó la cadena de montaje y que abrió el camino para la industria automovilística actual: en 1908 presentó el Ford T, que fue el primer vehículo producido de manera masiva gracias a esa cadena de montaje, lo que permitió optimizar los recursos y abaratar los costes de producción. Los vehículos ya no tendrían un precio prohibitivo al que solo podían acceder unos pocos ricos, sino que a partir de ahora se fabricarían coches a gran escala y al alcance de las clases medias; dio el primer paso para universalizar el uso del vehículo. A pesar de su excelencia como empresario, lo cierto es que Ford tiene su lado oscuro: se le atribuyen declaraciones antisemitas muy ofensivas y fue demandado por una organización judía, la Liga Antidifamación. Además, tenía una rígida moralidad porque, según cuentan, incluso fiscalizaba la vida personal de sus empleados. Como empresario era un avanzado de su tiempo y no parecía tenerle miedo a nada; gustaba de decir: «Tanto si piensas que puedes como si piensas que no puedes, estás en lo cierto». Él siempre pensó que podía.

Si hubiese vivido en la época actual habría sido un líder en la transformación digital, capaz de conocer y entender la nueva cultura digital e innovar constantemente. Utilizaría el mejor talento de cada trabajador igual que hizo en su momento cuando dividió el trabajo en una línea de montaje con ochenta y cuatro pasos distintos. Cada trabajador era entrenado para hacer uno de esos pasos y la idea era que estuviese preparado para hacer una sola cosa muy bien en vez de hacer varias a la vez sin especializarse en ninguna de ellas; logró la excelencia en sus empleados. El trabajador permanecía en un solo lugar y, repetidamente, realizaba la misma tarea a todos los vehículos que pasaban por ese sitio. Logró que el precio del modelo Ford T se redujese desde los 850 dólares iniciales hasta los 290 dólares. De esta forma, vendió un millón de ejemplares en 1915.

Pero este sistema de trabajo tan repetitivo tuvo un gran coste laboral y los trabajadores empezaron a abandonar la empresa, se marchaban a la competencia. A muchos les resultaba insoportable la monotonía de sus labores diarias y el incremento de productividad que se exigía a cada trabajador. En aquel momento la rotación laboral mensual se situaba entre el 40 y el 60 %. Aún así, Henry Ford contraatacó introduciendo una serie de medidas que cambiaron el sector para siempre. Ford tenía claro que el único problema no era que se marchasen los trabajadores a la competencia: otra gran contrariedad era que aquellos que sustituían a los que se habían marchado había que formarlos para adaptarlos al nuevo empleo, y eso tenía un gran coste en tiempo y dinero. Ni corto ni perezoso, para retener a los trabajadores les duplicó el salario diario pasando a cinco dólares: era el doble de lo que pagaba la competencia. Además, introdujo otro turno de trabajo, aumentándolos a tres, y se abrió a nuevos puestos de trabajo y perfiles excluidos en el sector como era el caso de las mujeres, afroamericanos y personas con discapacidad. Sobre estos últimos, contrató a una veintena de hombres discapacitados, que estaban encamados, para hacer trabajos manuales como enroscar las tuercas en los tornillos. Posteriormente, se comprobaría que las personas que estuvieron ocupadas haciendo este trabajo se recuperaban más rápidamente que otras personas en su misma situación que no tenían una ocupación que les tuviese entretenidas y motivadas; además, superaron en productividad al personal que realizaba esa misma labor en la fábrica. Supo aprovechar las dificultades y sacar partido de ellas.

Era un hombre que conocía sus limitaciones y también su propio poder. Durante la Primera Guerra Mundial un periódico publicó varios editoriales en los que acusaba a Henry Ford de ser un pacifista ignorante, los demandó por injurias. Durante el juicio, los abogados del periódico trataron de demostrar que, aunque estaba muy preparado para su sector, lo cierto es que carecía de conocimientos generales. Le preguntaron quién era Benedict Arnold (un general estadounidense que se pasó al bando británico durante la Guerra de la Independencia de los Estados Unidos), también por el número de soldados británicos enviados a América para sofocar la rebelión de 1776. A esto último respondió que no sabía el número exacto de soldados británicos enviados a América, pero había oído decir que era «un número considerablemente mayor del que regresó». Tras algunas preguntas particularmente ofensivas, Ford explotó y le respondió a uno de esos abogados: «Si realmente quisiera contestar a la pregunta tonta que me acaba de realizar o a cualquiera de las otras preguntas que me han estado haciendo, permítame recordarle que tengo sobre mi escritorio una hilera de botones. Y pulsando sobre cualquiera de ellos puedo citar a hombres de mi confianza para que respondan a cualquier pregunta que desee hacerles sobre el negocio al que dedico mis esfuerzos. Entonces, ¿sería tan amable de decirme por qué debo saturar mi mente con conocimientos generales para responder a sus preguntas cuando tengo personas a mi alrededor que me pueden proporcionar en cualquier momento el conocimiento que necesito?». Parece claro que esa fue una respuesta lógica que dejó confundido al abogado. Todos los presentes se dieron cuenta de que no era la contestación de un ignorante, sino de un hombre educado y preparado. Cualquier persona posee educación y formación si sabe cómo y dónde adquirir el conocimiento cuando lo necesita. Ford ganó la demanda al periódico, que tres años después cerró.

Ford era un hombre que estudiaba a su competencia a conciencia porque desmontaba y montaba los coches de las firmas rivales para analizarlos y luego probarlos en carretera. Con esta práctica, Ford se hizo con bastantes automóviles de sus rivales para su uso personal y la prensa empezó a señalar que utilizaba vehículos que no eran Ford. En una ocasión conduciendo en Nueva York los periodistas se acercaron y le preguntaron los motivos por los que no conducía uno de sus coches, sino uno de la competencia. Ford respondió: «Bueno, verá… En realidad es que estoy de vacaciones. Y como voy sin prisa, esa es la razón por la que no me importa mucho la hora en la que voy a llegar a casa. Ese es el motivo por el que no voy en un Ford».

Daba mucha importancia a las ideas y a meditar los temas; consideraba que pensar es el trabajo más duro que hay y «quizá sea esta la razón por la que hay tan pocas personas que lo practiquen». En una ocasión contrató a un experto en eficiencia para que visitara su fábrica y descubriera qué empleados no eran productivos. El experto hizo el recorrido, regresó a la oficina de Henry Ford y le dijo: «He encontrado una persona improductiva.

Cada vez que paso cerca de él, lo veo sentado sin hacer nada. Creo que usted debería considerar deshacerse de él». Al escuchar el nombre del empleado al que se refería el experto, Ford negó con la cabeza y le respondió: «Imposible. A ese hombre le pago para pensar y eso es precisamente lo que está haciendo».

Ford dejó una buena cantidad de frases para la posteridad. Una de ellas fue: «Si le hubiera preguntado a la gente qué querían, habrían dicho caballos más rápidos»; pero de esa necesidad, precisamente, surgió el ingenio para construir coches más eficientes y rápidos que los caballos, algo que los usuarios no se habían planteado hasta que llegó Ford con sus vehículos. Algo parecido diría décadas después **Steve Jobs**, el fundador de Apple, que en alguna ocasión, refiriéndose a sus productos, afirmó: «Muchas veces la gente no sabe lo que quiere hasta que se lo enseñas».

Jobs fue otro avanzado de su tiempo, un mesías en el amplio sentido de la palabra, porque su concepción de la vida era mesiánica: era él quien iba a cambiar el mundo a través de la tecnología y lo cierto es que lo logró. Era más raro que un perro verde, no era de medias tintas: o estabas con él o estabas contra él; amigo a muerte o enemigo a muerte. Fue un gran innovador, pero tengo mis dudas de si era un tipo listo o un tonto redomado; al fin y al cabo, fracasó en la empresa más importante de su vida, que era, precisamente, su vida. Yo diría que la gran decisión de su existencia no supo tomarla a tiempo por su cerrazón mental y eso, precisamente, fue lo que le costó vivir. En 2004 le fue diagnosticado un cáncer de páncreas, enfermedad que aparentemente había superado tras el correspondiente tratamiento. A principios de 2009 anunciaba que padecía un desequilibrio hormonal y decidió delegar la mayor parte de sus responsabilidades en Tim Cook, que entonces era el jefe de comunicaciones. Ese mismo año se sometió a un trasplante de hígado y en septiembre volvió al trabajo, pero en 2011 Jobs dejó nuevamente sus responsabilidades por problemas de salud, señalando que seguiría ocupándose desde su casa de las decisiones más importantes de la compañía, cosa que hizo mientras pudo. El 5 de octubre de 2011, a los cincuenta y seis años, Jobs fallecía víctima del avance del cáncer que le había sido detectado casi diez años antes. Al principio, durante su enfermedad, como era budista y vegetariano decidió seguir métodos alternativos y se resistió a seguir las indicaciones de los médicos para someterse a la intervención prevista en estos casos. En lugar de ello, siguió una dieta especial de medicina alternativa para intentar acabar con la enfermedad. Se cuenta que se informó en Internet y que, incluso, consultó con un vidente. El doctor Ramzi Amir, especialista en este tipo de cáncer, afirmó que, «dadas las circunstancias, parece evidente que la elección de la medicina alternativa por parte de Steve Jobs le condujo innecesariamente a una muerte temprana». Jobs sucumbió a su cáncer más rápidamente por su negativa a ponerse en manos de la medicina convencional. Hay que reconocer los grandes avances de Jobs en la tecnología, fue un visionario; pero también hay que reprocharle el flaco favor que nos hizo a los que hemos padecido un cáncer. Todo indica que la gran decisión empresarial de su vida, que no era otra que la forma de gestionar adecuadamente su enfermedad, fue un rotundo fracaso.

Y entre Jobs y Ford nos encontramos a otro gran líder empresarial, **Lee Iacocca**, que fue una de las personas más representativas e influyentes del sector del automóvil a finales del siglo XX y principios del XXI. Trabajó en Ford Motor Company en los años sesenta y fue responsable de la creación del Ford Mustang y del Ford Pinto, entre otros. En los años ochenta se hizo cargo de la Chrysler Corporation en un momento en el que la compañía estaba a punto de desaparecer. Se retiró a finales de 1992 después de crear el Chrysler Voyager y sacar a la empresa de la ruina.

Iacocca supo combinar con maestría la gestión empresarial y la comunicación. Esta última es esencial para un líder, a quien se sigue porque inspira, y para lograrlo tiene que seducir comunicando. Iacocca tenía claro que en los malos momentos hay que dar la cara y decir cosas que no son agradables: muchos gestores evitan dar esas malas noticias porque piensan que si los empleados saben que hay dificultades, se marcharán o trabajarán peor; pero nuestro protagonista tenía claro que esto no es así, sino todo lo contario, porque si tú no comunicas otros lo harán por ti y surgirán los rumores, dejando tu liderazgo en una posición de inferioridad. Cuando Lee Iacocca tomó las riendas de Chrysler a finales de los 70, se encontró con una compañía en bancarrota: tuvo que cerrar fábricas y despedir a muchos empleados. No le quedaba más remedio que explicar estos despidos y para ello utilizó un símil de la guerra: dijo que cuando en un hospital de campaña entran más heridos de los que el cuerpo médico puede atender, los sanitarios deben saber cuáles tienen más posibilidades de sobrevivir y centrarse en ellos, dejando a los otros de lado; no se puede atender a todos. Eso es lo que hizo cuando despidió a empleados y cerró fábricas: se centró en las que podían subsistir. Además, como tenía que llegar a un acuerdo con el gobierno para que ayudase a la compañía, se puso un salario de un dólar al año; esto lo hizo por cuestión de imagen, porque así era más fácil negociar con la administración, a la que con esta medida estaba mandando un menaje de austeridad y de que confiaba plenamente en el futuro de la compañía. Esa política fue seguida, posteriormente, por otros muchos presidentes de grandes empresas en crisis; pero esto tenía truco, porque estos directivos recibirían mucho dinero en especies, principalmente en acciones, y una vez superada la crisis cobrarían grandes salarios multimillonarios.

Posiblemente Iacocca tuvo que pedir ayuda más de una vez para sacar adelante su empresa y muchas de esas peticiones de ayuda seguro que fueron insólitas. Ese ejemplo de peticiones sorprendentes lo encontramos en **Rob McEwen**, un total desconocido que sacó su firma adelante con imaginación y reconociendo sus debilidades ante todo el mundo; convirtió esa debilidad en virtud sacando fuerzas de flaqueza. En el año 2000, la compañía minera canadiense Goldcorp Inc. no atravesaba por su mejor momento: varias de sus explotaciones de extracción de oro estaban arrojando unos resultados muy por debajo de lo previsto. La de Red Lake era la que concentraba sus mayores preocupaciones y sus grandes esfuerzos por hallar oro estaban siendo un fracaso rotundo; además, lo más preocupante era que no sabían exactamente por dónde seguir buscando. Las pérdidas se acumulaban y su CEO, Rob McEwen, decidió jugárselo todo a una carta: adoptó una medida que podemos calificar de *a la desesperada*. Decidió compartir por Internet los datos sensibles sobre la explotación geológica y lanzó un reto a todo aquel que quisiera aceptar el desafío: aquellas personas ajenas a la compañía que les proporcionaran la mejor idea acerca de dónde y cómo encontrar ese oro que no aparecía por ningún lado, pero que sabían que estaba ahí, recibirían una recompensa de 575 mil dólares.

La medida dejó atónito al sector porque Goldcorp estaba desvelando parte de sus secretos más codiciados y, además, reconocía abiertamente su fracaso en lo que se suponía que era su especialidad; pero a McEwen no le preocupaba en exceso en esos momentos su imagen ni la de su empresa, sino salir adelante. Él era un profesional sin una gran experiencia en el sector minero y apostó por el todo o nada: mostró todo el conocimiento y la innovación de la compañía y la puso a la vista de todos, asumiendo que esa innovación imprescindible para la subsistencia de la empresa estaba ahora en manos de cualquier persona. La competencia dispondría de la información sensible de Goldcorp, pero el resto del mundo tendría un proyecto sobre el que trabajar y dar ideas de todo tipo para lograr la recompensa prometida.

En apenas unas pocas semanas, más de un millar de expertos habían analizado los datos de Goldcorp. La fórmula ganadora llegó desde Australia: el esfuerzo de dos grupos de estos geólogos creó un mapa 3D de lámina de Red Lake que ayudó a comprender mejor el potencial de la propia explotación minera. El resultado fue asombroso: se encontraron yacimientos significativos en el 80 % de los lugares señalados por el mapa. Goldcorp estimó que las aportaciones de esa gran innovación abierta les habían ahorrado del orden tres años de investigación con recursos exclusivamente propios, y todo gracias a un líder que supo agarrar al toro por los cuernos.

Yo tengo una experiencia similar: hace unos años decidí hacer mi DAFO (debilidades, fortalezas, amenazas y oportunidades), y pensé que lo mejor era pedir ayuda exterior. Envié doscientos *e-mails* a conocidos en diferente grado, unos muy cercanos y otros casi sin relación: se trataba de que me diesen su opinión en un proceso que no debería llevarles más de dos minutos. Les pedía que me hiciesen el DAFO, y al menos la mitad me respondió. La información que saqué de esas respuestas fue muy útil, nunca lo habría logrado por otros medios; información que a veces me ponía por las nubes y otras por me ponía por los suelos, que esa era la intención de mi petición. Y de eso se trata, de pedir ayuda cuando hace falta. La gente suele responder y si es como en el caso de Goldcorp, que tiene recompensa económica, mucho más.

También hay por ahí un chavalín, que me cae bien, que a los catorce años decidió que quería ser Míster Universo. Él encontró su pasión en el gimnasio y a todo el que quería escucharlo le decía que de mayor quería ser fisicoculturista profesional. Ni sus padres ni el resto de su familia comprendían esa meta, pero él estaba decidido en convertirse en el hombre mejor formado físicamente de todo el mundo: o lo lograba o moriría en el intento. Pasaba seis días a la semana en el gimnasio, demasiadas horas al día; no se dedicaba a otra cosa. Tras infinidad de sacrificios, **Arnold Schwarzenegger** ganó el título de Míster Universo y también el de Míster Olympia. Cumplió otros de sus objetivos, como actuar en varias películas y convertirse en un líder político (fue el trigésimo octavo gobernador del Estado de California en dos mandatos consecutivos, desde 2003 hasta 2011). La única meta que todavía no ha logrado, y que no creo que le quite el sueño, es tener mil millones de dólares; lo cierto es que el pobre apenas sí tiene ochocientos millones. Y todo ello lo ha logrado porque no se ha rendido y se ha esforzado.

Amancio Ortega es otro de mis héroes, quizá el principal. Igual que Henry Ford, salió de la nada. Casi todos conocemos su exitosa trayectoria empresarial de la que en estos momentos no me voy a ocupar. Lo que ha logrado ha sido gracias a su esfuerzo e ingenio, y al apoyo de sus colaboradores. De la nada ha llegado a convertirse en el hombre más rico del mundo y esta es la parte de Amancio Ortega que realmente me interesa. Seguro que él sabe que no se va a llevar nada de ese dinero al otro barrio y quizá por eso su obra filantrópica es tan importante. Los que hemos padecido un cáncer le agradecemos enormemente que se haya gastado cientos de millones de euros en comprar maquinaria para que la sanidad pública pueda tratar a los enfermos y salvarnos la vida; lo cierto es que con ese dinero se podría haber comprado algún que otro yate, un avión o varias islas en el Pacífico. Algunas mentes cerradas han criticado estas donaciones de Ortega, probablemente porque ni ellos ni sus hijos necesitaban en ese instante las máquinas compradas con ese dinero. En su momento, yo le agradecí públicamente a Amancio Ortega esa donación precisamente el día antes de que me hiciesen la segunda operación de cáncer, porque la primera había salido mal. Lo dije públicamente en mi programa de televisión: la grabación se puede ver en YouTube simplemente escribiendo «Juanma Romero cáncer». No solo no hay que criticar estas donaciones, sino que hay que animar a muchos otros a seguir su ejemplo. ¡Amancio, eres mi héroe!

HUMANOS EN LA OFICINA

La transformación digital y
la revolución humana

ExLibric

MIGUEL ÁNGEL PÉREZ LAGUNA | JUANMA ROMERO

HUMANOS EN LA OFICINA

La transformación digital y
la revolución humana

EXLIBRIC
ANTEQUERA 2020

HUMANOS EN LA OFICINA
© Miguel Ángel Pérez Laguna
© Juanma Romero
© de la imagen de cubiertas: Estudio Ojo de pez
Diseño de portada: Dpto. de Diseño Gráfico Exlibric

Iª edición

© ExLibric, 2020.

Editado por: ExLibric
c/ Cueva de Viera, 2, Local 3
Centro Negocios CADI
29200 Antequera (Málaga)
Teléfono: 952 70 60 04
Fax: 952 84 55 03
Correo electrónico: exlibric@exlibric.com
Internet: www.exlibric.com

ISBN: 978-84-18230-31-8
Depósito Legal: MA-559-2020

Nota de la editorial: ExLibric pertenece a Innovación y Cualificación S. L.

MIGUEL ÁNGEL PÉREZ LAGUNA | JUANMA ROMERO

HUMANOS EN LA OFICINA

La transformación digital y
la revolución humana

Índice

Prólogo

Vivimos en un momento clave en la historia de la humanidad en el que se está replanteando todo el sistema productivo y de valores que sirven de base de la sociedad occidental; vivimos en un momento en el que la tecnología se impone en muchos de los aspectos de nuestra vida y tomamos decisiones en función de complejos algoritmos. En medio de esta vorágine de cambios y disrupciones en la que se han deshumanizado las relaciones de los grupos, ha surgido *Humanos en la oficina,* con nuestro amigo Miguel Ángel al frente y una apuesta decidida e innovadora por las personas, en la que vuelve a poner al ser humano en el eje central sobre el que pivotan las relaciones sociales que se tejen dentro de las empresas y que les permite tener una posición en un mercado cambiante.

Más allá de los niveles de innovación tecnológica de cada uno de los sectores económicos, no debemos de olvidar que quienes hacen que todo a nuestro alrededor funcione, se mueva, son personas que actúan y toman decisiones influenciadas por lo que les rodea; y es precisamente en esos flujos, en esas relaciones, donde se debe actuar. Hemos habitado una época en la que primaban más los aspectos tecnológicos de los entornos laborales y nos hemos olvidado de que las personas seguían estando allí, seguían ocupando un espacio; nos habíamos olvidado de que las revoluciones, incluida la 4.0, están protagonizadas por personas, por seres humanos que tienen vínculos con otros y que influyen en sus actuaciones más cotidianas. La revolución 4.0 nos plantea nuevos retos, nuevas formas de comunicación, nuevas oportunidades que debemos de aprovechar para construir un mundo mejor y una sociedad en la que no se pierdan de vista las necesidades de las personas. Para que las empresas puedan ocupar un espacio en su entorno, debe de ocurrir poco a poco desde dentro, construyendo una tela de araña entre ella y la sociedad, teniendo como base a los individuos que están en ella. Si logramos construir un ambiente adecuado

dentro de nuestros entornos de trabajo, lograremos trasladarlo fuera de los tabiques de los edificios de las oficinas.

En este sentido, y en medio de un mundo cada vez más digital y abstracto, Miguel Ángel ha apostado claramente por una rehumanización de los entornos laborales con una metodología innovadora, creando nuevas fórmulas de comunicación cercana y creíble que generan confianza y que están enfocadas a fortalecer los vínculos interpersonales de quienes reciben sus cursos de formación y asisten a sus conferencia o eventos.

Jesús Her nández Gal án
Director de Accesibilidad Universal
e Innovación de Fundación ONCE

Los nuevos lunes

Al que no le haya ocurrido, que tire la primera piedra: es lunes por la mañana y, después de un fin de semana de reparador descanso (o de aburrimiento extremo, pero que también es descanso), **afrontamos la semana con ilusión**; nos proponemos trabajar más y mejor que nunca al mismo tiempo que dedicamos más tiempo a nuestra familia; nos alimentaremos mejor, intentaremos tomar menos cafeína y quizás leamos un poco más; quién sabe, incluso por fin pondremos en marcha ese proyecto tan ambicioso que siempre dejamos para más tarde. Bueno, pues llega el momento de despertar porque esto les sucede a muy pocas personas; ¡si eres de esas, bien por ti! Eres todo un ejemplo: tienes que decirnos lo que desayunas cada mañana, en especial los lunes; pero para el resto de los mortales no falla. A primera hora de la tarde del lunes ya estamos derrengados, deseando que llegue el viernes, tomándonos el tercer café del día. ¿Qué ha pasado? Muchas cosas entre medias. En nuestra mente, en nuestro entorno, pequeños detalles nos han ido apagando a una velocidad de vértigo.

¿Y por qué un señor de RR. HH. te está contando esto? Porque RR. HH., en contra de la imagen que se tiene muchas veces, se ocupa o debe ocuparse también de este tipo de cosas: de cómo generamos aquello que nos da energía para seguir de L a V en la oficina no solo en términos de productividad, sino en algo menos tangible: ser razonablemente felices con lo que hacemos. En cualquier caso, si profundizamos un poco en este fenómeno tan mundano de los lunes aniquiladores del ánimo, podemos centrarnos, dentro del mapa multicausal, en una razón para que las buenas intenciones lleguen derrotadas: no tenemos la suficiente fuerza de voluntad.

Hay quien afirma que con fuerza de voluntad se nace o no se nace, que es algo que no se puede entrenar, y, por eso, cruzamos los dedos y esperamos ser capaces de no dejarnos llevar por la corriente. Pero si bien es cierto que uno puede mejorar su fuerza de voluntad, también lo es que,

aunque pocos lo recuerden, la voluntad es un recurso limitado; por eso conviene no desperdiciarla en cosas que no vamos a cumplir. El problema es que muchas veces nos encontramos, literalmente, miles de artículos sobre «Las X cosas que hacen las personas de éxito, saludables, fuertes, guapas, bla, bla, bla…»: casi nunca hablan de la vida real, sino que son consejos que pueden ser correctos o bienintencionados, que van a causar sobre todo frustración porque están dirigidos a una clase o categoría laboral muy determinada.

Veamos algunos de esos consejos, insisto, que pueden ser correctos y avaladísimos por universidades, nutricionistas, psicólogos, expertos, gurús y otros tantos.

Lo mejor para comenzar con energía es levantarte temprano y hacen ejercicio

Que sí, que sí, todo lo que tú quieras; me puedes decir que esto me despierta: mi nivel de endorfinas a tope y la descarga de adrenalina por las nubes. No creo que haya nadie adulto en el mundo que no sepa que el ejercicio es una actividad estimulante y vigorizante (venga, como psicólogo, lo afirmo y reafirmo, aunque no sea necesario). Ahora bien, ponte en el lugar de la persona que se levanta a las cinco de la mañana, tiene que recorrer una hora y media para llegar a la oficina y no te digo si tiene que preparar niños y llevarlos al colegio (hombre o mujer, lo mismo me da). Nadie dice que sea algo malo; lo que sí es que, si no estás habituado/a, esto lo vas a hacer una semana.

Dedica un minuto en apreciar lo que tienes

Estas chorradas son aún más numerosas y suelen ir acompañadas de una foto de un joven mirando al horizonte. La autosugestión es una fuerza poderosa, pero el minutito es una auténtica parida sobre todo cuando estamos expuestos a mil pensamientos al día y en casi todos ellos ya estamos haciendo un balance instantáneo, casi inconsciente.

Obviamente, es bueno que te dediques tiempo, pero como profesional del capital humano (llamadme raro) tiendo a ponerme en el lugar del técnico que ha trabajado dieciocho horas y que llega a casa desvencijado, del responsable que está dejándose la piel una semana en un balance o la operadora de *call center* que ha hecho doble turno. Preguntadles a ellos eso de dedicarse tiempo. No les damos ninguna solución real o, mejor dicho, realista.

Por supuesto que siempre habrá personas en una situación peor que la tuya: como reza el viejo cuento, en el desierto siempre hay alguien detrás que está recogiendo las cáscaras que tú dejas; pero el auténtico agradecimiento viene de que tienes las herramientas para mejorar tu vida y la de los demás, y si no las usamos, ¿para qué damos gracias?

Disfruta del tiempo en el trabajo y de las reuniones más aún

Estos consejos son más divertidos aún, ya que suelen venir acompañados de imágenes o fotos de Steve Jobs, Mark Zuckerberg y otros emprendedores de éxito. Estas personas no tienen que ponerse a trabajar en un tiempo determinado y luego escapar a la vida personal porque gozan su trabajo: se sienten vivos y alegres no solo en casa sino también en el trabajo, porque comprenden que también es parte de su vida; personas a las que les encanta reunirse, debatir en las juntas, exponer sus puntos de vista, estar en el centro de la reflexión de la empresa tomando las decisiones importantes. Y después me pregunto si el autor ha bebido mucho ese día.

Desde luego que el objetivo es ese: disfrutar razonablemente del trabajo y RR. HH. tiene mucho que decir en esto, aunque lamentablemente ni la mitad de los directivos del ramo se han preocupado por ello, ya sea por omisión o porque no han tenido margen para hacerlo. Si seguimos teniendo altos niveles de rotación y absentismo puede tener mucho que ver con que no vale ponerse una sonrisa postiza todo el día, y, al igual que no todo el mundo tiene talento, no todos los trabajos son enriquecedores e interesantes, y va a depender mucho del concepto de oportunidad y calidad de vida que tenga cada uno. Sin embargo, sí podemos trabajar en ello sin hacer teatro.

Deja de buscar la aprobación de los demás

Esto es algo precioso, pero no vivimos en una cueva para ser *outsiders*. Es bastante divertido escuchar esto de personas famosas con muchos recursos y que, efectivamente, pueden hacer lo que les dé la gana. Ojo, no significa que nuestra vida se adecúe a un estilo de fidelidad perruna, pero sí necesitamos cierto grado de aprobación.

¿Por qué? De alguna de esas personas depende nuestro trabajo, nuestro sueldo, nuestra promoción, nuestras condiciones familiares, las de nuestros hijos; o de nuestro bolsillo, para más señas. Somos personas sociales y en sociedad necesitamos mostrar un valor para que los demás perciban que esa relación va a tener beneficios. Así de simple; lo demás, chorradas.

Suelen abundar mucho los artículos o manifiestos donde se pone énfasis en los irrenunciables derechos que tenemos como personas y más aún en que estamos obligados a seguir principios como los siguientes: «yo merezco una vida mejor», «yo merezco los halagos que me dan y las valoraciones positivas que hagan de mí», «yo merezco tener éxito», «yo merezco ganar dinero por lo que hago», «yo merezco negarme a lo que no me apetece hacer», «yo merezco estar lejos de lo que me desagrada».

Muy bien, todos lo firmamos; pero te voy a comentar una cosa que a lo mejor intuyes: muchas personas no hacen nada para tener ese éxito que dicen merecer. Millones de individuos somos cómodos por naturaleza y no hacemos lo que no queremos cuando, en alguna ocasión, es justo lo que deberíamos hacer para alcanzar el éxito. Puedes ponerte los manifiestos que quieras, pero necesitamos a los demás para construir nuestra marca profesional, necesitamos su *feedback*, necesitamos su valoración, y eso implicará muchas veces escuchar cosas que no nos agradan.

Las personas de éxito se definen por las veces que se levantan del infortunio, no por la cantidad de lemas que han acumulado en su vida. Requerimos a los demás para ser felices y también para alcanzar las metas que nos hemos propuesto. Juntos, mejor juntos: está comprobado.

Esta lista sirve como precedente del *leitmotiv* de lo que ya es un fenómeno mundial: la iniciativa «Humanos en la Oficina». Hace un tiempo,

pudimos comprobar que estamos rodeados, literalmente aprisionados, de miles de consejos y estrategias huecas que apenas sí pueden dejar su poso para que la experiencia humana en el trabajo sea digna de mención.

Todos sabemos que las organizaciones precisan contar con el talento adecuado para alcanzar el éxito empresarial y esto requiere llevar a cabo una gran cantidad de procesos, comenzando por la atracción y búsqueda de ese, algo que se ha convertido en una de sus principales prioridades y preocupaciones hoy en día. Si te fijas en estudios de los últimos diez años, y vas más allá de los consejos de siempre, verás que hay una queja generalizada. La mayoría de las empresas, o al menos las que tienen voluntad de generar estrategias de retención globales, manifiestan que esto es de una enorme complejidad. Si ya de por sí atraer empleados cualificados y claves para el negocio se hace complicado, más si cabe es retenerlos.

Pero vayamos todavía un paso más allá: ¿por qué lo llamamos *retención*? ¿De verdad tenemos que «secuestrar el talento»? «Humanos en la Oficina» nació para esto, para reformular todas estas inquietudes respecto a lo que pasa día a día en la oficina, porque llevamos muchísimo tiempo hablando de liderazgo, motivación, talento, transformación digital, adaptación, repartiendo reglas y *rankings* por doquier…; y no parece que haya un gran efecto. Incluso las empresas que aparecieron encargándose de algo tan escasamente tangible como la felicidad han ido reduciendo su número al ver que no se trata simplemente de aplicar un algoritmo y una serie de acciones pequeñas para crear mejoras reales.

¿Estas iniciativas, por tanto, no son válidas? Por supuesto que no: todo suma y más cuando se hace con rigor; el problema es cuando no vamos más allá. No concretamos lo que pasa un lunes por la mente, la cabeza, el corazón de alguien que va a pasar muchas horas en la oficina; quizás nos limitamos a evaluarle, a dictarle o a empujarle: pocas veces todo esto implica un impulso real. Los nuevos lunes pueden ser una realidad, pero jamás lo serán hasta que no decidamos que, primero, merece la pena que nos esforcemos para el cambio y, segundo, lleguemos a la conclusión por nosotros mismos de que algo diferente habrá que hacer.

Recuerda: después de los lunes, los días de la semana continúan y no tienen visos de querer parar mientras nos detenemos a resolver algo tan importante como es lo que vivimos a diario.

Ser humanos: 12 + 1 reglas básicas

Si solo fueras a leer un capítulo de este libro buscando lo más inmediato y fácil, aun perdiéndote el gran esfuerzo de los autores en ponerte en el tren de la revolución humana y digital, casi te diría que sería éste. Estas son reglas básicas, pero básicas de libro, que seguro habrás pensado alguna vez; pero, ay, el humano que somos solo reacciona para confirmar o desmentir sus comportamientos en contraste con lo que hacen otros (o, al menos, la mayoría de ellos). Así que, si en la cara oculta de la luna todo está a punto, vengan las 12 + 1 reglas básicas:

1. Comportarse como seres humanos normales desde primera hora

¿Qué significa esto? ¿Esto es una regla válida? Por supuesto que sí, porque esto se diferencia enormemente de los grandes maratones que nos recomiendan muchos gurús de la motivación; porque los cambios reales se hacen en la vida real, en las pequeñas cosas. Aun así, esto no será fácil para quien se ha acostumbrado a ser un robot por las mañanas.

Una vez lo conté en una conferencia donde trescientas personas se partían de risa (lo cuento siempre con un pequeño teatrillo), incrédulas, y lo he escrito en algún artículo de prensa: me sorprendía mucho ver en una oficina, el primer día que llegué, como nadie se saludaba, en especial cuando llegaba el jefe. Estaban tan temerosos de decir una palabra que el silencio era una máxima de supervivencia, más cuando el despacho del CEO estaba en medio de la planta, dominando todos y cada uno de los puestos. Pero comportarse como humano es saludar y detenerse al menos

un minuto en los puestos, en las personas que van a trabajar con nosotros ese día o incluso con las que no vamos a coincidir o sí, a saber.

El saludo tiene un gran valor simbólico porque, dependiendo de cómo lo expresemos, será entendido como un gesto de cercanía, de proximidad, de relaciones profesionales o afectivas, o un mero gesto de cortesía y de buenas costumbres; su ausencia demuestra un posible enfado o irritación: de aquí surge la frase de «retirar el saludo» como claro reflejo de una actitud hostil o poco amigable. El saludo es una forma de cortesía, además de una demostración de afecto y cordialidad entre las personas.

¿Es esto una perogrullada? Si lo piensas, te recomiendo que me remitas un *e-mail* o me llames por teléfono y te cuento lo asombroso que fue el cambio cuando traté de «viralizar» el saludo por la mañana, porque te quitarías esa idea de la cabeza. Cuántas veces hemos pasado por la recepción de un edificio o entrado a un ascensor y hemos dicho hola y el silencio nos ha hecho compañía. No importa: derrochemos cordialidad, que a fecha de hoy no nos cuesta un céntimo. Y esto es importante hacerlo a primera hora cada mañana, pero el lunes es en especial valioso, porque todos necesitamos ese calor, ese mini impulso, ese trocito de relación humana que nos hace pensar que, en un lunes gris, no estamos solos.

2. *Deja de intentar amar el trabajo y céntrate en quien te puede corresponder*

Vamos a pasar de los eslóganes típicos de carpeta de adolescentes («ama tu trabajo», «ama la vida», ama el sol, la fantasía y la coña en verso). No sé tú, pero yo, como parte de la generación de los ochenta, en mi carpeta tenía fotos de la serie *V*, esas pegatinas que regalaban con la tele-indiscreta, y de *El coche fantástico*. Ninguna de esas cosas eran más que reflejos de la cultura adolescente del momento, pero en modo alguno podían cambiar nada en mi vida, al menos en clase.

Sin embargo, no podemos generar cambios en la vida intentando amar algo que puede que sea imposible de querer porque no nos gusta; es así. Si nos gusta es fantástico, pero recuerda que el trabajo va a corresponderte siempre con más trabajo, y si te gusta es genial, pero si te da asco estamos

perdidos. Por eso, si estás en ese segundo grupo, lo más factible es amar lo que haces por medio de las personas que están contigo, porque son las únicas que pueden corresponder ese afecto, esa vocación, porque lo pueden hacer con reacciones reales: con un *feedback* real, con sentimientos, acciones, actitudes que puedes palpar en el ambiente.

El problema es que veamos a las personas como obstáculos u elementos a soportar; entonces sí que vamos de cráneo. Pero haz la prueba con un ejercicio: trata de hablar de cosas positivas de tus compañeros con otros. No te pongas a cotillear o a ponerles verdes: si tienes razones para ello, guárdalo para ti. Si no lo conoces, el poder de las palabras es inmenso cuando producimos una catarsis positiva, en especial en las relaciones profesionales donde hay más tensión. Y si dejas de usar el *pero* después de decir algo positivo, el efecto es aún más demoledor, porque, si somos seres humanos normales, todos queremos de una u otra manera reconciliarnos con el mundo en que vivimos.

Reconciliación: una palabra que seguro no usas con frecuencia en un entorno de trabajo. *Reconciliarse* significa 'volver a las amistades, o atraer y acordar los ánimos desunidos'. En latín, este término hace referencia a 'reintegrarse, reincorporarse', y en alemán la palabra que se emplea añade unas interesantes matizaciones: implica 'reparar, desagraviar, satisfacer, calmar, apaciguar, tranquilizar, besar'. Más que un acto reflexivo o un comportamiento, vivir reconciliados es una manera de estar y de ser con uno mismo ante la vida y con los demás. Su aprendizaje no es cosa de un día y, como todo aquello que ha sido fundamental en nuestra vida, es una experiencia dada, recibida y una tarea que hemos de desarrollar.

Reconciliarse con un trabajo ingrato quizás puede pasar por los actores que componen el día a día; porque desde la reconciliación puede venir que nos correspondan algún día, que vivamos queriendo, por algo que no nos gusta, pero sabedores de que nos perciben como humanos con objetivos y conscientes de que los demás sienten también. Siguiendo el refrán: «Ojos que no ven, corazón que no siente»; otros autores nos incitan a que le demos la vuelta: «Corazón que no siente, ojos que no ven».

3. Sigue siendo humano en tus correos electrónicos

¿Y esto cómo va? Dado que más de la mitad del tiempo en la oficina nos dedicamos a mandar *e-mails*, no es ninguna tontería que sigamos siendo humanos en esta tarea, ¿no crees? Piénsalo: ¿a que se podrían haber evitado malentendidos con esa persona u otra si no hubieras puesto en el *e-mail* algo que era apresurado y que dio la impresión de ser brusco? Si no te ha pasado nunca, te lo digo con cariño: o no te creo o no has trabajado jamás con personas desde 1995. Es relativamente fácil parecer tosco cuando estás en un apuro junto con la naturaleza impersonal de los correos electrónicos y sus textos. Iniciar el *e-mail* diciendo «Espero que hayas tenido un buen fin de semana» no es ninguna chorrada. Aunque lo tengas en automático, es preferible sentir que hablas con una persona que piensa sobre tu estado o sobre cómo lo has pasado. (Claro que, si eres un completo insociable *offline*, esto no te va a resolver mucho, pero vamos a dar por supuesto que eres un ser humano normal).

La tecnología nos está imponiendo muchos comportamientos que pueden no tener que ver con nuestro carácter real. Una forma de poder vivir mejor con esta tarea es gestionar con inteligencia y emociones el *e-mail*. ¿Eh? ¿Con emociones también? Claro, porque van a ser personas las que estén al otro lado. Llega el lunes y tienes, como siempre, una cantidad extra de correos electrónicos. No contestes como un poseso: si no entiendes el motivo u objetivo de un *e-mail*, no lo respondas porque eso sí que te puede complicar la vida. Olvídate de las cadenas larguísimas: si necesitas más de dos o tres minutos en mandar uno es que necesitas hablar cara a cara.

Por cierto, apaga las noticias en tu Outlook o en el servidor de entrada que tengas; te voy a contar un secreto que seguro ya sabes, pero la mayor parte de las veces no ocurre nada importante.

4. Las distracciones son tus amigas si las controlas

Uno de los consejos gurú más extendidos es la eliminación de todas las distracciones mientras se trabaja: ponle seguro a la puerta, pon un cartel, apaga el teléfono, cierra la aplicación de correo, desconecta la conexión a

Internet, ponte una capucha (en la cabeza): eso, a no ser que trabajes en una cueva, es imposible. Lo que no quiere decir es que no puedas controlar tu disponibilidad, eso por descontado; pero no puedes permanecer en la clandestinidad para siempre.

Si no sabes decir no es evidente que todo será un *cometiempos* y que, además, te hará progresivamente infeliz porque estos siempre quieren más tiempo y pasan de tus prioridades. Las distracciones, en contra de lo que parece, pueden ser buenas si las controlas; nadie puede estar doce horas concentrado con la misma intensidad a no ser que se haya chutado algo; pero estar distraído esas doce indica que estás faltando el respeto a la empresa y a las personas que están sudando tinta, y quizás algunas por ti.

Esto incluye las distracciones *online*: cada vez que te pones frente al ordenador y te asomas a Internet comienza el bombardeo: *e-mail,* blogs, Twitter, Facebook, Tuenti, YouTube, Skype (venga, y el Meetic o el Badoo, que algunos buscan pareja en el trabajo) forman parte de ese ejército de distracciones que golpean cada día y que te ponen más difícil hacer tus labores. ¿Cómo no caer en estas distracciones? Ahí tengo información, ahí tengo buenos ratos, ahí tengo gente interesante, ahí me lo paso bomba…; es como ir a una fiesta con barra libre: no me cuesta y me pongo las botas. Pero la consecuencia es que estas cosas te vuelven más lento, más torpe, más ineficiente: tardas más en hacer tu trabajo; te vuelven menos eficaz, menos intenso, menos lúcido: tu mente está a mil cosas; te vuelven menos brillante, más vulgar, más anodino: lo mejor de ti va y viene.

Ante estas, la mejor medicina es que construyas un «*firewall* mental» que impida el paso a todas ellas. Con una serie de elementales, pero necesarias medidas preventivas evitarás su ataque; y el hecho de detectarlas y conocerlas por adelantado ya te dirá cuáles tienes que tomar. Nada de mensajería ni chats ni tuits; aquí y ahora el «tiempo real» lo necesitas para trabajar. Cierra todas las aplicaciones que no tengan que ver con lo que vas a hacer ahora: si tienes que buscar información en Internet, hazlo antes de empezar; recopílala previamente. Controla tus distracciones, haz de ellas un impulso.

5. *Deja de ser un perfeccionista irracional*

El Dr. Simon Sherry, un profesor de psicología en Dalhousie University, llevó a cabo un estudio sobre el perfeccionismo y la productividad en la revista *University Affairs*. Pues bien, Sherry encontró una estrecha relación entre el perfeccionismo incrementado y la productividad disminuida. Estos son algunos de los problemas asociados con ser perfeccionista: dedican más tiempo del necesario en una actividad y se pierden lo grande centrándose en las cosas pequeñas de manera obsesiva; mientras tanto, el barco se va a pique. Muchos autores lo llaman el síndrome del metal dorado; esto encaja con la definición oficial. En Psicología, el perfeccionismo consiste en la creencia de que se puede y se debe alcanzar la perfección; en su modalidad patológica permanece la convicción de que cualquier cosa por debajo de un ideal de perfección es inaceptable.

¿Te ha pasado alguna vez que no has entregado una presentación, un informe o los *e-mails* de los que hablamos porque te faltaba colorear un gráfico, porque la dichosa tabla no se pegaba bien o porque no había manera de tabular el texto? Esas son señales de alerta. Sabes que buscar la perfección te hace daño, pero crees que es el precio que debes pagar por el éxito: «Sin dolor no hay ganancia» («*No pain, no gain*») es el lema que prima en la mentalidad de quienes son perfeccionistas. Así, estás dispuesto a hacer un gran esfuerzo para evitar ser mediocre o «del montón», incluso si para ello debes regirte por normas que, a ojos de los demás, son estresantes y poco razonables. Por ello te gusta dilatar las cosas: el perfeccionismo está muy relacionado con el miedo al fracaso; de esta manera muchos perfeccionistas tienden a posponer tareas u obligaciones como una forma de anticiparse a la desaprobación de los demás. Nadie dice que seas mediocre, pero sí te aseguro que el éxito no está en cabrear a los demás porque tú creas que eres excelente. Vete a lo sencillo, pero no te atasques, o pide ayuda, incluso en las presentaciones públicas o los documentos más comprometidos. Tienes que tener en cuenta una cosa, una regla de oro: a nadie le va a importar un bledo lo que has tardado en poner un tipo de letra u otro.

6. No a la multitarea

Algunas personas hacen mil cosas a la vez y algunos incluso han conseguido lograrlo, pero no dejes que esto sea la regla. ¿Quién no ha estado de camino al trabajo hablando por WhatsApp, abriendo correos, mirando las últimas notificaciones de Twitter y escuchando música al mismo tiempo? Casi todos lo hacemos a diario y en la mayoría de las ocasiones ni siquiera nos damos cuenta; pero las personas productivas se dan cuenta de que la multitarea es un mito y deciden mantenerse concentrados.

Hacer muchas cosas a la vez no es sinónimo de eficiencia. Los investigadores, entre ellos Eva Rimbau, coinciden en que con esta manera de trabajar o actuar «lo que hace nuestro cerebro es cambiar de una tarea a otra. Atendemos de manera alternativa, pero no a la vez. Lo que puede ocurrir es que una de las tareas sea casi automática y, por tanto, requiera poca atención, así se puede atender a la otra sin mayores problemas».

Si tienes tiempo e interés, revisa un estudio de la *American Psychological Association* porque lo verás más claro, pero ir cambiando *grosso modo* entre tareas nos quita casi un 40 % de efectividad y, más importante aún, nos hace ser infelices en grado sumo. ¿Y por qué? Pues porque nunca tenemos la sensación de avanzar y eso es terrible. Mientras estás escuchando tu buzón de voz a la vez que lees un *e-mail* en medio de una reunión no lo dudes: estás trabajando contra ti. La gestión del tiempo no va de hacer más cosas, sino de hacer las más importantes. De hecho, existe un estudio de Stanford donde nos dice que incluso nuestro cerebro va más lento cuando no estamos en multitarea que cuando nos hemos habituado a ella.

7. Define exactamente qué es tu trabajo y qué no lo es

Vamos a extendernos aquí porque es importante (no te asustes). Por ejemplo, muchos de nosotros terminamos gastando enormes cantidades de tiempo en ser contestadores de correo electrónico; sin embargo, consultarlo no es lo mismo que hacer el «trabajo». Los hábitos son difíciles de romper, no te voy a engañar y, además, ya lo sabes; por eso quédate al menos con dos verdades comprobadas: primero, el monitoreo constante de

nuestras bandejas de entrada promueve el estrés sin promover la eficiencia. Por tanto, cuando se trata de verificar el correo electrónico, menos podría ser más, ¿no crees? Y a no ser que seas un corredor de bolsa que puede perder un acuerdo de un millón de dólares mediante el cierre de sesión del correo o casos similares, rompiendo el hábito vas a ponerte por delante de las personas que lo leen porque deben tener sus ojos entretenidos.

Otra cosa que puede verse como trabajo, pero no siempre lo es: ¡las reuniones! La clave para determinar si se ha realizado o no trabajo en grupo está en que los miembros del grupo o equipo sientan que sus opiniones han sido tomadas en la solución del problema: con ello ya nos quitamos miles de reuniones que seguramente se estarán haciendo en este momento mientras lees este texto; reuniones donde alguien habla y los demás callan porque no tienen más cáscaras. Un apunte importante para saber si las reuniones son útiles en tu trabajo es que sepas definir bien los problemas que se tratan. ¿No lo habías pensado? Pues es la única manera de saber si, de L a V, estás perdiendo el 50 % del tiempo en ver caras aburridas de otros en un salón de reuniones.

La segunda verdad es que enfocarse en los problemas suele provocar que salgan aún más problemas. No te digo que no resuelvas dificultades. Digo que enfocarse en lo que hacemos bien resuelve más de lo que piensas En ocasiones las cosas marchan bien, pero se quiere que vayan mucho mejor o incluso que estemos muy lejos de donde queremos. ¿Y cómo afrontamos los problemas según el puesto o trabajo que tengamos? Aquí tienes algunos ejemplos:

- problema definido por la causa: «Los empleados del departamento de ventas no saben llenar los modelos»;
- problema definido en forma de solución: «Los modelos deben ser diseñados nuevamente»;
- y problema definido correctamente: «El 32 % de los modelos elaborados en el departamento de ventas tienen algún error».

Por tanto, la manía casi patológica de reunirse por todo se revela ineficiente en muchos casos porque no todos los problemas se pueden solucionar en grupo; por ejemplo, hablando de problemas que llamamos

estructurados, esto es, de los que tenemos información suficiente y hay experiencia en la solución (además de ser decisiones reversibles): no tienen mucha cabida en una dinámica de trabajo en grupo.

Ahora bien, cuando la información es insuficiente o está dispersa, no contamos con un algoritmo de solución probado y, además, un error podría tener consecuencias irreversibles: es el caldo de cultivo para que el grupo pueda dar lo mejor de sí mismo. La razón por la que se tiene una reunión es porque queremos que algo cambie en nuestro «mundo» a finales de esta; el problema es que la gente las hace para comprobar que todo el mundo sigue haciendo lo que tiene que hacer o para reafirmar su escaso liderazgo.

En algunas recientes tuve que ver como la responsable de guiarla, más llevada por su ego y lanzada a generar resultados sin saber casi de lo que hablaba, llegaba al extremo de decir lo contrario de lo que se había propuesto desde el principio; lo peor es que todos asentimos como si fuera B y no A de lo que hablábamos. Pero esa es la actitud del directivo mediocre, del responsable torpe y tóxico: aquel que te pregunta por qué sí o por qué no de manera inquisitiva cuando ninguna respuesta será adecuada.

Otras formas de hacer del trabajo un auténtico quebradero de cabeza es que usemos el arma de la reunión simplemente como una forma de imponer una fecha límite (de nuevo la reunión como evaluación donde se establece una batalla de egos).

Revisa bien cómo te enfrentas a las dificultades. Sabes más de lo que crees, y todos sois la suma de lo que sabéis. Si en una reunión no paramos de exponer debilidades, eso es lo que os vais a encontrar. Porque no podemos trabajar desde la escasez, sino desde la abundancia.

8. No juzges precipitadamente

Será algo que te va a ayudar sobremanera a ser más feliz de L a V dentro o fuera de la oficina. Parece obvio, pero piensa lo mal que te sientes cuando crees que te perciben de manera equivocada por algo que has dicho. eso es una constante de desasosiego, en especial porque en momentos de tensión nuestro cerebro se defiende de posibles ataques a nuestra autoestima colocando etiquetas por doquier, y eso nos lleva muchas veces a

crear situaciones difíciles que se pueden alargar en el tiempo por haber tachado a alguien de X o Y.

Las personas de pensamiento similar a menudo se integran, como gotas de lluvia que forman un lago. No hay nada malo con esto, pero el pasar mucho tiempo con quienes piensan de igual manera puede influirte de forma muy fuerte como una forma de presión de los pares. Lo curioso es que solemos enseñarnos mutuamente a adoptar los prejuicios personales de «los nuestros» sin percatarnos de ello. Esto se debe en gran medida a que queremos que nuestros amigos o nuestros «iguales"» en el trabajo sean como nosotros.

Permanecer impasible ante juicios tampoco es la solución. ¿Sabes por qué? Porque a la gente rara vez le agradan las personas «neutrales» que son poco claras con respecto a sus sentimientos; la razón es que no pueden categorizarlas fácilmente ni predecir o confiar que puedan ser tenidas como aliadas (o todo lo contrario) en ese maremágnum que es la oficina.

Para evitar ese juicio que te dificulta el día a día, lo tienes clarísimo: estúdialo. Pongamos como objeto de tu prejuicio una persona: sueles sentirte distante e incómodo con el hecho de que exista, que esa persona ande por los mismos pasillos o vaya a desayunar a la misma cafetería; pero esto puede deberse a que no sabes nada del objeto. Puede que hayas oído muchas historias negativas acerca de él, pero ¿qué tanto de ello es verdadero o relevante? Si quieres vivir mejor, profundiza dejando intacta tu capacidad de sorprenderte: será más divertido.

9. Ayuda a alguien menos afortunado

Ya lo decía el escritor León Tolstói cuando afirmaba que el que ayuda a los demás se ayuda a sí mismo: desde tiempos inmemoriales, ayudar a los demás ha sido y es fundamental para que el ser humano llegue a ser lo que hoy es. Algunas personas son afortunadas y a otras no les ha llegado la tan anhelada fortuna; y no nos referimos al dinero solo.

Te preguntarás: ¿por qué debo ayudar a los demás? ¿Por qué no puedo preocuparme solo de mi éxito? Seguramente porque todo lo que estás leyendo (y ya estamos acabando) tiene que ver con ser una persona social y

necesitamos, aunque sea por puro egoísmo, generar interacciones productivas en la oficina. Eso no lo vamos a lograr diciendo lo buenos que somos, sino demostrándolo para los demás, para el equipo, para el objetivo común. Seguro que alguien tiene problemas para entender tal o cual proceso en la empresa, alguien en tu equipo tiene problemas de relación o alguien de otro departamento no se aclara con algo importante. ¿Por qué no ibas a intentar ayudar a quien lo pasa mal o que tiene dilemas? Cada persona es un mundo y a lo mejor no se te ocurre cómo ni desde qué posición, o estás preocupado por las consecuencias o cómo se lo tomaran. Si quieres una pista de donde está tu potencial de apoyo la tienes a continuación; una tan válida como cualquier otra.

En un estupendo libro, *The Tipping Point*, el autor, Gladwell, describe tres tipos de personas para generar cambios e inflexiones rápidas en el mundo que tengan un gran impacto; desde ahí puedes elegir tu base de ayuda para ese apoyo humano de verdad: los conectores, los que poseen la información y los *salesmen*:

Los conectores son las personas en una comunidad que conocen a un gran número de personas y que tienen el hábito de hacer presentaciones. Son personas que «nos vinculan con el mundo… las personas con un don especial para unir a todos».

(...) Los especialistas en información son personas con las que contamos para conectarnos con nuevos datos. *(...)* Especialistas del boca a boca, suelen ser personas que quieren resolver los problemas de otras personas, siendo realmente intermediarios de información, compartiendo lo que saben.

(...) Los vendedores son «persuasores», personas carismáticas con poderosas habilidades de negociación. Tienden a tener un rasgo indefinible que va más allá de lo que dicen, lo que hace que otros quieran estar de acuerdo con ellos, personas que facilitan el consenso a los demás.

10. *No solo lidies con la gente tóxica y averigua si lo eres tú*

Somos en general, salvo las personas rigurosas en su autoanálisis, bastante benévolos con nosotros mismos; o todo lo contrario, pero pocos en un término medio. Creemos que, salvo excepciones, solemos ser razonables, con unos criterios más o menos ajustados a la realidad y con una mentalidad más o menos aseada con nuestros defectos, sí, pero llevamos mucho tiempo viviendo con ellos por lo que muchos de estos ya se han convertido en esos compañeros de viaje que no puedes evitar. Sin embargo, hay personas que pueden descubrirse un día como del lado de esas personas que llamamos tóxicas, dañinas: puede ser una palabra, una decisión, algo que de pronto nos saca del letargo o alguien que tiene la valentía de decírnoslo.

Por supuesto que hay muchas clases de personas que dañan el ambiente: están las que se caracterizan por su tendencia al conflicto o por su desidia y actitud pesimista; pero el tóxico crónico va más allá: busca con decisión hacer daño, imprimir sufrimiento o destruir moralmente a quienes le rodean; son abusadores insufribles que aprovechan cualquier oportunidad para inyectar frustración y amargura en quienes interactúan con ellos. Para el reactivo tóxico, el menosprecio por el otro es un valor que hay que cultivar. Por ello, no puede esperarse de ellos buenos modales; además, cabe recordar que su estrategia es contaminar los ambientes con malas actitudes. En muchas ocasiones, somos nosotros mismos los que nos autoengañamos, negando que seamos esos «vampiros emocionales», porque tenemos una mal día, porque siempre nos hemos comportado así, porque en casa y en el trabajo ya nos conocen y nos aguantan: pensamientos que no hacen más que prolongar una situación insana tanto como para que los demás te pierdan el respeto y se alejen de ti, aunque tú creas que los tienes cerca, agarrados.

No todas las personas tóxicas se muestran en el mismo grado, obviamente hay muchas dimensiones para reconocerlas. También hay personas que exhiben pasividad y se hacen pasar por «mosquitas muertas»: son los que necesitan constantemente de tu ayuda, los de la «vela perpetua», los solitarios, los que critican incansablemente a los demás y despiden con su actitud pura lástima.

Y ahora dime si tus lamentaciones corresponden a ese patrón. Si somos proclives a sembrar la duda sobre las cualidades y las competencias de los demás para descalificarlos y eliminar su autoestima; si somos impermeables a la culpabilidad o la responsabilidad, y nos hemos convertido en expertos en deformar la realidad mediante las mentiras parciales y el juego del doble lenguaje, con insultos y halagos en el mismo discurso; ya no hay duda. Lo peor es que no lo reconozcamos; y será aún peor cuando alguien en algún momento, quizás el menos oportuno, desenmascare nuestra debilidad.

Las personas tóxicas siempre tienen algo que decir sobre lo que uno opina: nunca están de acuerdo con las ideas de los demás porque no les parecen suficientemente buenas o porque no son como las suyas; tienden a menospreciar las opiniones o gustos de los demás por el simple hecho de ser diferentes de los suyos y suelen obstaculizar los avances de quien tienen al lado para evitar la innovación y la creatividad.

Seamos nosotros o tengamos que lidiar con estas personas, lo mejor que podemos hacer para contrarrestar su tendencia al autoritarismo es trasladarle la idea de que hemos perdido el miedo y de que no va a encontrar en nosotros un apoyo para contagiar nuestro entorno. Bombardeamos la dependencia con asertividad pura y dura: a esas personas se las controla quitándoles su poder, escapando de ellas o no permitiéndoles acceso a nuestra intimidad.

No dejemos que eso ocurra si nos hemos convertido en la clase de persona que aquí se describe; no dejemos de controlar nuestro cambio permitiendo que la iniciativa ajena nos ponga una y mil veces en evidencia. No lo conseguiremos en los primeros cinco minutos, pero justo un segundo nos hace falta para decidir qué clase de personas queremos ser a partir de ese mismo instante.

11. Hazte con una mente de principiante

Una historia zen acerca de un profesor universitario trata este aspecto directamente; a lo mejor la conoces: la han usado en el cine, incluso en una película moderna de catástrofes como *2012*. Al profesor le produce curiosi-

dad la reputación de un viejo maestro, respetado por su sabiduría y decide visitarlo. El maestro lo recibe en el templo y lo instala en un cómodo cojín: «¿Le gusta el té?», le pregunta ofreciéndole una taza. Este asiente con un movimiento de cabeza, sosteniéndola mientras el maestro vierte en ella un fino chorro de té; el líquido sube rápidamente hasta llegar a unos dos centímetros del borde de la taza y el profesor alza la mirada: el maestro continúa vertiendo el té. El profesor la suelta mientras le dice: «¿Qué hace usted?». El maestro toma la taza de nuevo, la llena y se la ofrece de nuevo respondiéndole: «Esta taza es como su mente: usted no puede oír nada porque ya está llena». El profesor zen dice: «En la mente del principiante hay posibilidades infinitas, en la del experto hay pocas».

Esta historia nos muestra de una manera directa la diferencia entre la actitud del principiante: mente abierta, curiosa, llena de posibilidad, capaz de mirar las circunstancias de la realidad en el presente y libre de preconceptos; y la actitud del experto: llena de experiencias y preconceptos, mente cerrada con muy pocas posibilidades de admirar nuevas experiencias. Chulo, ¿verdad? ¿Y esto cómo se hace? Pues en las cosas pequeñas.

No podría darte una guía que te pormenorize esta actitud, pero si unos parámetros que te pueden ayudar: observar la situación de lejos, sin involucrarse; darle importancia al por qué sobre el cómo, mirar con verdadera curiosidad y sin arrogancia y escuchar más que hablar. Muchos gurús del *mindfullness* te contarán cosas pintorescas como descubrir cosas nuevas en rutinas como recoger el lavavajillas; que te fijes en los sonidos, las formas, el tacto. Como no podemos estar haciendo eso con cada respiración porque estamos en un mundo de sobreestimulación constante, quizás lo más aconsejable es que, de vez en cuando, nos preguntemos si hemos dejado de querer aprender con curiosidad, porque será el inicio de poder recuperar la pequeña felicidad de la sorpresa cotidiana.

12. *Aplaude las buenas ideas, aunque no sean tuyas*

Una muestra de salud mental en las personas es saber disfrutar de los éxitos de los demás. Aquí vamos más allá de la regla n° 2, donde hablaba

de aprender a querer a otros viendo lo positivo que hacen de L a V y que nos afecta de una manera directa o indirecta.

Cuando a alguien le sucede algo que es motivo de alegría, alegrarse con él o con ella es multiplicarla. Los bienes materiales si se comparten se pierden: si yo tengo cien euros y los comparto con alguien, esa parte que comparto dejo de poseerla yo; no sucede así con los bienes que no son materiales: si yo tengo un motivo de alegría y lo comunico a otro, este otro puede alegrarse conmigo y no por eso pierdo yo parte de alegría. Pues muchas veces no pasa esto: es la maldita envidia la que nos impide disfrutar de que a otro le vayan bien las cosas. Esto no es algo fácil, sobre todo cuando tenemos a los demás por inutiles, «compañeros forzosos que nos amargan con su mediocridad», como me dijo una vez una directora de RR. HH. que me llamó para implantar… ¡un programa de clima laboral!

El aplauso absurdo no te va a ayudar tampoco: padecemos un borreguismo atroz, instaurado por sistema: desde los medios de comunicación hasta los escritores serviles; el espíritu de la manada, de no salirse de lo políticamente correcto, de lo oficialmente aceptado, anida en todos. No nos engañemos: la manada tira mucho (y hemos visto esta palabra últimamente asociada a lo peor y más rastrero del ser humano: el abuso de poder y directamente el crimen violento) y lo podemos ver incluso en cosas pequeñitas del día a día. ¿Cuántas veces alguien se ríe de una broma que no le parece graciosa solo porque los demás lo hacen? ¿Cuántos han empezado a fumar o a beber porque los demás lo hacían y no querían

parecer bichos raros? Ser «uno más» implica sentirse integrado dentro del grupo, no estar excluido.

Pero eso no nos distingue: el aplauso selectivo sí porque se nos verá como personas lo suficientemente inteligentes como para tener criterio y lo suficientemente humanas como para saber que los demás son valiosos. Alienta a los otros, no los desalientes. Las personas rígidas, por algún motivo, sienten la necesidad de desanimar a los demás; haz lo contrario. Si no hay nunca un motivo de alegría, es hora de que comienzes a pensar si estás en el lugar adecuado y de que trazes un plan para salir de allí echando leches.

12 + 1. Deja que el miedo se quede en casa

Esta es la regla más importante de todas. En casi todas las empresas del mundo la *sinceridad* siempre se cita como uno de los valores que cada uno mantiene en pos de tener una coherencia profesional y una adecuada relación con el resto de compañeros; por supuesto, esto muchas veces es puro rollo en la vida real, porque el miedo mueve bastantes de las dinámicas de interacción en empresas donde las personas deben ponerse firmes ante el preboste de turno. Sin embargo, muchas personas no se han dado cuenta aún de que hay otra palabra que comparte la S con la primera: *sinergia*, y no solo tienen en común la primera sílaba sino que ambos conceptos trabajan juntos.

La sinceridad no solo es contar u omitir. Hay muchas frases repetidas y mantras que se oyen hasta la saciedad, y es que la sinceridad no se trata de decir lo primero que se te pasa por la cabeza, sino de toda una actitud, y no solo de la información que posees, también de aquellas conductas que se demuestran con tu discurso. Seguro que muchos estarán pensando «Si yo dijera todo lo que creo, me despedirían de forma inmediata»; que no, que no va por ahí. Es evidente que si no tienes pensamientos constructivos, sean o no críticos, ni vas a beneficiar a la empresa ni, por supuesto, van a redundar en beneficio individual ninguno. Se trata de no tener miedo a expresar con asertividad nuestras ideas; pero insisto, no es lo primero que se te pasa por la cabeza en un momento malo o difícil. Ganarás mucha más

credibilidad cuando argumentes las cosas, sean o no equivocadas, basándote en hechos ciertos y comprobados, en tu experiencia demostrada o en datos concretos.

La falta de sinceridad está muy emparentada con el «Me dijo», «Me comento»,… Revelamos no solo que trabajamos como robots, sino que no comprobamos las cosas. Obviamente no podemos desconfiar de todo el mundo ni verificar cada pequeña cosa, porque crearía un clima aún más enrarecido de desconfianza mutua. Se trata de ganar y ganarte la confianza; en suma, de reconducir a quienes sistemáticamente hacen mella en ella intencionadamente. Incluso si has perdido esa confianza o tienes la percepción de que así es, habla directamente con la persona en concreto declarando tu intención de recuperarla con hechos. Muchas relaciones en la empresa y en la vida se mueren por no haber tenido el coraje de atreverte a recomponer de cara ese vínculo: es mucho mejor recibir una mala cara y hasta una reprimenda momentánea que llegar al silencio sepulcral que apagará nuestro futuro como equipo de trabajo. Por mi propia experiencia, los empleados suelen tener un interés muy sincero en que las cosas se hagan bien en la empresa: detectan muy bien qué cosas no funcionan, qué es mejorable, dónde se pueden ahorrar, costes superfluos,… Sin embargo, todo este conocimiento operativo que pasa desapercibido para muchos gestores se pierde porque no hay canales sinceros de comunicación y carecemos valor para decir la verdad. Además, el miedo a ser despedido por decir la verdad es muy fuerte o el miedo a recibir una bronca descomunal.

Voy a ser osado y te voy a decir algo en lo que creo 100 %: ninguna buena persona va a castigar que tengas ideas. Te podrá decir que no es el momento, que es un error y te lo dirá más o menos amable o abruptamente; como no somos niños, podemos tratar con el no sin problemas. En ese momento habremos demostrado que la sinceridad es parte de nuestro sistema de valores y comenzaremos a ganar, consolidar y recuperar nuestra credibilidad. La sinceridad genera velocidad cuando las ideas no se esconden y se exponen abiertamente; pueden debatirse, propagarse y mejorarse rápidamente. La sinceridad reduce costes, aunque es difícil establecer el impacto exacto de esta reducción. Basta pensar en la cantidad de reuniones sin sentido o de informes innecesarios que confirman lo que todo el mundo ya sabe de antemano.

Pero, si todo son ventajas, ¿por qué está mal vista? Porque desde pequeños se nos enseña a suavizar las malas noticias y a maquillar los temas inconvenientes: sucede en todas las culturas y clases sociales, lo tenemos en el ADN. Cuando llamamos a las cosas por su nombre, lo más probable es que surjan problemas y en estos casos, para acabar de rematar la faena, nos veremos en la obligación de arreglar el problema creado. No cuento nada nuevo ni arengo a decir barbaridades, sino a atreverse a ser productivo con la información desde una perspectiva de llamada de atención.

De retener talento a impulsar humanos

Hace muy poco tiempo coincidí con un jefe técnico con el que había trabajado hace años; es una de esas personas entregadas en cuerpo y alma al trabajo, que ha desarrollado su labor siempre en el mismo sector, creándose una excelente reputación en la zona donde él y su equipo trabajaban. En ese momento ya se encontraba en otra empresa, y contento después de haber cambiado de trabajo; lo curioso fueron los días, o meses previos, a ese cambio. No tiene mucha importancia que al final se fuera él o le despidieran «de mutuo acuerdo», la cuestión fueron las peregrinas razones que le dieron para tratar de retenerlo en un puesto en el que llevaba mucho tiempo. Pues bien, al dueño de la empresa no se le ocurrió otra cosa que sentarse con él y exhibir lo siguiente: en concreto, le preguntó por la empresa a la que se quería ir, lógicamente de la competencia, lo cual supondría un perjuicio importante dada la pérdida más que probable de cartera de clientes y proyectos en la zona; estos eran algunos de los argumentos posteriores: «Esa empresa es una mierda que, además, está teniendo unas pérdidas enormes», «No vas a adaptarte a esa manera de trabajar porque llevas muchos años aquí: eres un hombre de la casa»; y el mejor de todos: «¿Sabes cuánto he ganado yo el último año con mi empresa? Diez millones de euros». No nos engañemos, estos se pueden oír algunas empresas; no son el 100 %, claro, pero tampoco son una minoría. El talento en ellas se ve como un coste de sustitución sin más; no solo es porque haya empresas que no les preocupe lo de «retener» talento hasta que no queda más remedio, sino porque también es, vamos a decirlo claro, algo difícil de hacer, más cuando tenemos autoproclamados líderes que son para echarles de comer aparte

Seguro que ya sabes que resulta, *grosso modo*, tres veces más caro para una empresa realizar una nueva contratación que mantener a algu-

no de sus activos (humanos) *más valiosos*. Ejemplo de ello son los datos proporcionados por expertos en gestión de personas:

- hasta seis meses pueden ser necesarios para que un empleado nuevo llegue a adquirir la productividad adecuada en un trabajo;
- de necesitan nada menos que doce para integrarlo a la cultura de la empresa;
- y la pérdida de un empleado cualificado supone un coste elevadísimo para la organización que repercute en: pérdida de conocimientos, redistribución de funciones producto a la vacante, capacitación del nuevo miembro del equipo…

No obstante, no se habla, o al menos no tan frecuentemente, de otros factores que vas a notar en cuestión de horas en el momento de una nueva incorporación: la primera va a ser una baja productividad inicial del contratado. Hay un mito que permanece en muchas empresas, en especial en sectores de atención al cliente y comercio (en general y con muchas excepciones): nadie del mundo va a ser capaz de hacer el trabajo si no viene del sector. Sin embargo, lo curioso es que muchas incorporaciones que vienen del sector tardan lo mismo o más en adaptarse, dado que «se sienten» conocedores de la dinámica y ponen menos empeño en los procedimientos, centrándose en adaptarse en un cambio de caras y logos. ¿A que suena raro? Pues es así en muchísimas ocasiones. En cambio, alguien ajeno al sector, si cuenta con la guía adecuada, tendrá una gran ventaja. Vamos a saber enseguida si se adapta o no al contrario que el veterano, donde damos un «margen psicológico» mucho más amplio.

Otro coste de no retener al talento adecuadamente y poner «peones nuevos» por sustitución y no por una razonable estrategia de expansión: el de ralentizar al equipo a no ser que la pieza que se va fuera decididamente tóxica. Aparte de ello, tenemos un intangible poco valorado: la incertidumbre que causa la marcha del compañero. Son más razones de las habituales citadas en la prensa especializada, ¿verdad? O puede que no; en cualquier caso, son motivos de peso para reflexionar y actuar. Aun así, hay más prejuicios que nos llevan a seguir obviando esta cuestión, tales como los siguientes (y que tienen mucho que ver con nuestra concepción del talento):

«Altos cargos» y «talento» van de la mano

Ejecutivos, roles directivos, líderes… pueden ser empleados con talento (o no), pero seguro que no son los únicos. Sin embargo, al creer que el talento estratégico está en las altas esferas, pasamos olímpicamente del talento que está por debajo (a excepción del señor o señora que lleva muchos años en la empresa y conoce cómo se rellena el formulario DG 5600, sabe cómo arreglar el KRAN 2000 porque lo inventó él o ella, o conoce al 100 % de los clientes porque ha comido con todos ellos).

Lo de retener el talento es cosa de RR. HH.

Ya puede RR. HH. inventarse mil cosas: desde dar entradas para el fútbol, poner un «cursillo» o un *outdoor training* con barbacoa y capea, que si los ejecutivos y mandos intermedios no se comprometen con el desarrollo de las personas, mejor ni tener ese departamento para fidelizar nada.

La gestión del talento es cara y un peñazo que no podemos medir

Esto ya lo sabes: todo tiene un coste, es verdad; pero el precio de no gestionarlo es aún mayor. En cualquier caso, algunas de las premisas de la gestión del talento que contribuyen a disminuir los índices de rotación de personal al tiempo que garantizan la fidelización de las personas son gratuitas: su coste es de cambio de mentalidad.

Creer que con la tecnología vamos a rellenar nuestras carencias

Este sesgo es, obviamente, más reciente y propio de empresas que han comenzado a invertir en tecnología, pero sin estrategia ninguna; esto es, creyendo que con más «juguetes» la cosa se soluciona porque, oye, mola más estar en una empresa de alta tecnología, ¿no? ¡Casi como estar en Google! Y en eso también hay mitos. Fui invitado a visitar las oficinas

de Google en San Francisco y sí, es verdad, son la leche: salas de entretenimiento, consolas de videojuegos, ambiente de «innovación», divertidos compañeros…; pero la vida no es el interior de Google, e incluso allí son conscientes de mejoras pendientes (sentirse solo e insignificante en una gran compañía, percepción de gran burocracia,…).

Las personas no necesitan más «juguetes» y sí más experiencia humana, porque eso es lo que engancha

Acabada la novedad, el «juguete» será tan entretenido como una fotocopiadora. La técnica está a favor del desarrollo; sin embargo, requiere de un plan y por eso siempre debe caminar de la mano de la estrategia. Hoy en día existen muchas herramientas tecnológicas: he ayudado a implantar *softwares* para medir el rendimiento de las personas, portales de gestión del talento, herramientas *online* de clima, portales del empleado y muchas más; pero he comprobado que, como sean percibidas como algo fiscalizador, la liamos. Recuerdo como una gran empresa me pidió reclutar a alguien que iba simplemente a controlar Google Maps; la razón era que habían puesto un GPS en los coches de los instaladores. Pues bien, lo que podía haber sido una herramienta para ahorrar tiempo, proponer nuevas rutas a los conductores, optimizar la gestión de incidencias para que el instalador tuviera más tiempo en cada cosa, se convirtió inicialmente en una pesadilla con preguntas como: «*¿Cuánto tiempo has estado aquí?*» «*¿Por qué has tardado más de media hora en estar allá?*», «*¿Por qué no has aparcado aquí?*», «*¿Cuántos cafés te has tomado de aquí a allí?*». De verdad, no se puede ser más torpe: duplicando la rotación y el absentismo en tres, dos, uno… ¡Hecho!

De nuevo, volvemos al punto en que sí hay empresas que se preocupan o quieren preocuparse, mejor dicho; pero, ya lo hemos dicho: esto no es fácil ni rápido. Por eso la mayoría de los consejos son tan generales que apenas vamos a poder hacer nada si no invertimos en profesionales que sepan de lo que hablan. ¿Y cuáles son esos consejos que no nos sirven? Pues

ya los sabemos, por ejemplo: cultivar el liderazgo, proporcionar recursos amplios y apropiados, aplaudir el esfuerzo, recompensar la contribución; dejar espacio para la diversión y alinear a los empleados con las metas, los valores y la misión de la empresa. Perfecto, ala, ya lo tenemos; pero apostar por un entorno de trabajo saludable y libre de negatividad, fomentando las relaciones personales, es algo complicado cuando no creemos que los trabajadores sean merecedores de ello o no sean realmente tan valiosos para nosotros. Es lo mismo que decir que retener talento significa ni más ni menos que retribuir de forma competitiva: ajustarse a los salarios de mercado tras analizar los sueldos del sector. *¿Crees que una subida de sueldo repentina va a ser positiva a largo plazo?* Un error muy común es pensar que el dinero es la clave para motivar el talento, es decir, enfocamos el compromiso a los incentivos económicos. El dinero es un motivador, sí, pero solo si tenemos en cuenta que hay que pagar al empleado lo suficiente como para que no se preocupe por ello. En cualquier caso, muchas de las estrategias bienintencionadas en retención de talento no funcionan precisamente por eso, porque son bienintencionadas, pero no planeadas.

La sorpresa no es una buena estrategia porque da la idea de imprevisibilidad; esto es algo que tengo comprobado. En una pequeña empresa del sector *retail* hicieron un gran esfuerzo subiendo el salario base a todas sus vendedoras en un porcentaje tan brutal que casi mejor no lo pongo; pero en cuestión de un semestre el 50 % de todas personas que fueron sujeto de esas medidas (y que ya habían comunicado su intención de dejar la empresa) reiteraron el deseo de irse, eso sí, agradeciendo enormemente la subida de sueldo tres meses antes. Esto nos lleva a conclusiones potentes: las medidas de retención del personal tienen efecto escaso cuando se perciben como puntuales o incluso desesperadas, que no se han diseñado ni adoptado medidas estructurales; y la retención no se improvisa, sino que se planea y se segmenta: si la compañía no se ha preocupado previamente por comprender las necesidades de sus profesionales, buscarle deprisa y corriendo un proyecto a esa persona que les comunica que se marcha no suele funcionar. Es como decirle: «No te hemos valorado hasta hoy, pero como ahora nos fuerzas, te ofrecemos mejores condiciones para que te quedes». Para cualquier profesional sensato eso sería un motivo más para marcharse a no ser que le compense personal y profesionalmente, porque

lo que a algunos les indigna, a otros les parece una bendición; ahí está el criterio de cada uno, la experiencia humana de cada uno.

Y es que de eso es lo que hablamos constantemente: de experiencia humana para decidir si seguimos «reteniendo» o impulsando a los humanos no solo a resignarse, sino a dar nuevos aires a una existencia laboral cansada o sin visos de desarrollo.

¿Qué tal si vamos con cinco factores que pueden humanizar esta situación? Estos no son excluyentes ni van en el orden propuesto, pero son en general poco tratados a la hora de establecer estrategias serias de retención, aquellas que van a la raíz del problema, la cuál suele tener que ver, en su mayor parte, con creencias, roles e información. Lo vas a ver más claro enseguida.

1. *Identificación: quienes son las personas cuya autoestima depende de lo que sucede en la oficina, porque son las primeras en sentir desafección.*

¿Quién iba a decirles a los empresarios de los noventa que en el siglo XXI el factor diferenciador sería algo intangible? Si hace no muchos años las subidas de sueldo era la moneda de cambio para atraer a los mejores profesionales y retener a los empleados más cualificados, hoy la gestión del talento se ha sofisticado bastante debido a la nueva mentalidad y a la evolución de la sociedad y sus valores; y eso incluye ir por delante con el público más urgente. Son las personas que se valoran personalmente en función de su rendimiento en el trabajo las que más expuestas están a plantearse el cambio en primer lugar; luego, vienen todas las demás con otras consideraciones). Esas no son especiales, simplemente sienten su experiencia en la oficina en el otro lado de la balanza. Es humano enorgullecerse cuando te felicitan por un buen trabajo al igual que lo es encogerse de vergüenza cuando cometes un grave error; pero muchas no analizan esos sentimientos con perspectiva y su profesionalidad va y viene, dependiendo de lo último que hayan oído o recibido; y, si no nos fijamos bien, la sangría del talento puede comenzar por ahí, siendo aún más grave cuando hay talento estratégico en ese grupo.

Por eso, una primera estrategia inteligente es adelantarse a que te digan **«Me voy»**. Está claro que hoy en día a los trabajadores no los mueve el aliciente puramente económico, sino una combinación de beneficios que cubran todos sus intereses. La pelota está en el tejado de las necesidades personales, los intereses familiares y no solo profesionales, de los empleados; pero acertaremos más cuando identifiquemos lo que sienten cuando están trabajando con nosotros.

2. *Cambio de la cultura de los prescindibles por voluntarios que han fichado por una vida profesional plena*

¿Qué quiere decir? Pues que, si estamos ante una cultura de organización rígida, ahogadora y autoritaria, ninguna acción que hagamos de retención aislada servirá de nada. Haciendo algunos estudios de clima, he visto empresas donde sus jefes consideraban poco menos que «peones necesarios» a todo aquel que contrataban lejos de su categoría; eso sí, con todo respeto, pero con el desprecio tácito de no hacer nada para su integración más allá de un manual fotocopiado de bienvenida y una exhaustiva carta de riesgos laborales. ¡Ah! Y una encuesta al finalizar el año. ¿Lo recuerdas?

Esto viene del sesgo que dice que el talento necesario solo está en el estamento ejecutivo. ¿Y eso que tiene que ver con retenerlos? Muy sencillo: por ejemplo, esa cultura suele llevar consigo considerar a esas personas inferiores y con pocas posibilidades de carrera; como me dijo alguien alguna vez, considerar a los *seniors* que no habían ascendido en su carrera como personas «fracasadas». Siguiendo este oscuro pensamiento, si con cuarenta, cincuenta, o cincuenta y cinco años sigue siendo un técnico, un auxiliar o un ayudante es que ya ha «fracasado», con lo cual le estamos haciendo un favor enorme contratándole. ¿Por qué voy, entonces, a molestarme en retenerle? Pero que luego no nos sorprenda si estos *seniors*, de repente, se van no solo mejor pagados, sino mejor considerados. Esto no significa que el lugar de trabajo tenga que convertirse en una serie infinita de momentos maravillosos para los empleados; pero sí necesitamos crear una infraestructura de tres pilares claros, físico, emocional y organizacional;

que permita a las personas sentirse a gusto y rendir mejor. En suma, crear la percepción de que somos conscientes de que las personas vienen voluntariamente a trabajar.

De acuerdo, puede que muchas personas tengan el trabajo como un pesar continuo, como una esclavitud inherente al ser humano para ganarse la vida. Con esas dará igual lo que hagamos, pero incluso ellas tienen también días buenos y malos que podemos aprovechar para mostrarles su importancia. ¿Y cómo creamos ese marco? Con nuestro lenguaje: alejándolos lo más posible del extremo del polo «soy un peón más» para quedarnos entre el extremo «persona imprescindible» y el término medio.

3. Inversión de tiempo y estrategia en la percepción de la contribución vs. esfuerzo inútil

Existe una gran diferencia entre hacer un esfuerzo (por grande que sea) y contribuir. La mayoría de las empresas, ejecutivos o directivos suelen pedir de la gente que contratan el esfuerzo o su manifestación visible en forma de horas presenciales, volumen de trabajo hecho o máximo de actividad; los problemas surgen cuando los directivos que piden esfuerzo, confunden a las personas que se esfuerzan más con las que rinden mejor y consideran a las que hacen el trabajo sin demasiado estrés como faltas de compromiso. Si una organización transmite el mensaje a sus empleados de que lo que se exige y lo que valora en ellos es principalmente el esfuerzo, pronto tendrá mucho movimiento y pocos resultados de su personal. Con razón podrán decirse a sí mismos y a los demás: «Hay poca diferencia entre el reconocimiento que recibo cuando produzco resultados y el que dan a Ana y Pedro cuando hacen horas extras y sin ofrecerlos. Solo hacer acto de presencia es el 75 % del juego en esta empresa». Para salir de este peligro es importante que nuestro sistema de recompensas haga una distinción clara entre el esfuerzo y la contribución; contribuciones tangibles para ambas partes son la base de un enganche en la empresa aún mayor.

Ahora, esto nunca va a ser posible cuando se plantean, en especial en empresas que los cambian constantemente, incentivos imposibles de entender, porque no será la primera vez ni la última que una persona va

a firmar un contrato con los incentivos puestos en una hoja de Excel embarullada en la que no se entiende nada. Si las metas son inalcanzables por puro idealismo, si son solo entendibles porque el director de turno ha ideado un supersistema de retribución variable que pone énfasis en la cantidad y no en la fidelización, la sensación de contribución inutil será aún mayor. No es tan dificil utilizar el método SMART, el cual aconseja que las metas sean: *specific* ('específicas'), *measurable* ('medibles'), *achievable* ('factibles'), *realistic* ('realistas').

4. *Coherencia: lo de construir una marca puede volverse en contra de la empresa si es pura fachada*

¡Debes construir una marca empleadora potente! Eso y el *employer branding* suena por todas partes. Según los expertos, una de las claves para captar y retener el talento consiste en construir una «marca» que destaque a la empresa como buena empleadora. El mensaje de estas, empero, no suele ser muy diferente entre empresas de sectores dispares. Más o menos, con lógicas diferencias, se juega casi siempre con dos elementos: todo lo apasionante que vas a desarrollar y todo lo que vas a aprender para el éxito de tu misión; esto es, «Tú eres importante», «lo que haces es importante», «el resultado de tu esfuerzo es importante», «puedes crear valor y esperamos que lo hagas»;, «tu carrera progresará con una capacitación que te llevará lejos», «conocerás cómo formar parte de un equipo excelente», bla, bla, bla. Comprender los incentivos más buscados entre sus empleados es fundamental para elegir los beneficios adecuados. Ahora bien, si vendemos eso, tenemos que ser coherentes: no será la primera vez que una persona entra a trabajar y se encuentra con dinamitadores de la motivación como,

- por un lado, procesos mal definidos, donde la falta de una adecuada descripción del puesto de trabajo así como la incapacidad del departamento de RR. HH. en gestionar los puestos acaban por sobrecargar a los empleados y, por supuesto, poner la incertidumbre en primer lugar. Por eso, mucha gente se siente desalentada en su primer día de trabajo cuando se dan cuenta de que fueron

contratados para hacer una cosa, pero que en realidad luego termina siendo otra muy distinta. Por descontado, aquellos procesos que estén mal definidos afectan al resto de acciones de retención.

- Por otro lado, estarían los programas de formación que no crean compromiso y donde la falta de criterios a la hora de desarrollar formaciones para los empleados demuestra que estamos tirando de un catálogo para colocar cursos que no se necesitan y todo lo más para gastar la bonificación correspondiente. ¿Por qué sucede esto? Porque los líderes determinan las formaciones para motivarles sin entender sus necesidades; no se sentirán motivados cuando la formación no aporta nada relevante para sus vidas personales o profesionales. No quiere decir que no podamos vender la formación como un incentivo, ¡por supuesto que sí! Pero si las acciones formativas son siempre percibidas sólo como estrategias para aumentar el nivel de productividad del empleado (y así las ganancias en el tiempo de la empresa), nunca demostraremos eso de que «nos preocupamos por tu carrera» con total fiabilidad.

5. *Medir las cosas en tiempo real y pasar del «yo creo» al «yo sé»*

La medida del *engagement* de los empleados no sirve sólo para proveer con un KPI a RR. HH., se trata de mostrar a la compañía completa cómo se sienten sus colegas en el trabajo, de dónde vienen y hacia dónde se dirigen para crear una organización fluida y que produzca beneficios. Entonces, ¿por qué RR. HH. sigue realizando tan solo una medición anual? A esto se une el problema de que los directores de este departamento aparecen a veces desalineados con respecto a los altos directivos que usan KPI casi a tiempo real para llevar el negocio. Las ventas y los números financieros son grabados y analizados con frecuencia, ¿por qué no hacemos lo mismo con el personal? Con un KPI de personal que monitorice cómo se sienten tus empleados en el trabajo y cómo reaccionan a eventos clave puedes centrarte en las cosas que con mayor probabilidad van a generar un impacto en las decisiones que se están llevando a cabo desde arriba. Medidas a tiempo real y anónimas ayudan a RR. HH. a encontrar qué lleva vuestra cultura

organizacional hacia delante porque sabrás a tiempo (y no al final del año) cuando, por ejemplo, la comunicación interna está creando problemas de desconexión, los programas de formación se sienten como una pérdida de tiempo, los *partnerships* que tienes están o no funcionando (descuentos, bonos sociales, etc.) o cuando el liderazgo tiene puntuaciones dispares por departamentos y se percibe de manera diferente; o si el *home office* o la conciliación están funcionando como medidas de retención.

Una de las grandes revoluciones del grupo de formación y comunicación «Humanos en la Oficina» es el haber desarrollado una certificación humana que es pionera, donde vamos mucho más allá de una auditoría de procesos, procedimientos y canales de flujo de información. Es la constatación (o no) de que los valores de una empresa se viven de una determinada manera, afectando al comportamiento como nunca se ha visto, trabajando con grupos mixtos de personas, mezclando categorías profesionales, acercándonos a los deseos, sentimientos, expectativas e incluso a los conflictos internos que surgen a diario. Un ejemplo de que la transformación humana ha llegado para quedarse, donde vamos a dejar de hablar de «retener» talento (aquí lo hemos repetido en varias ocasiones con total intención para que, a partir de ahora, suene una pequeña alarma en tu cabeza al escuchar esta expresión), para hablar de la experiencia humana real.

Liderazgo humano (I): el que me emociona

Vamos a decirlo claro y alto: el liderazgo es 100 % visceral. Uno no puede hacer que una empresa funcione o se derrumbe sin la emoción, positiva o negativa; sin comunicar un sentimiento de ánimo, éxito, decepción o pérdida; porque eso es lo que llega mucho más allá de las palabras. Pensad en cualquier líder mundial o un referente en la historia, desde Mandela hasta Gandhi, que no haya transmitido con el corazón para transformar el destino de un colectivo o de todo un país; comunicaron una visión y les dieron una misión.

No lo olvidemos: no somos solo responsables de lo que informamos. Un CEO tiene una responsabilidad mayor: el que la niegue será un CEO perezoso y mucho menos un líder. En su caso, la responsabilidad se amplía a lo que está entendiendo la organización y eso no se circunscribe a los cinco o seis acólitos ni a los que están más cerca de su despacho; esa visión debe ser algo consciente tanto para el director financiero como para el conserje, porque basta que uno de ellos no la tenga integrada para que su comportamiento, para que su día a día siga siendo el de los hombres y mujeres grises que fichan, se sientan, contestan *e-mails* y se largan.

Como directivo debes asegurarte de que hay un mañana, pero que también existe un hoy. Necesitas balancear constantemente las necesidades actuales de tu empresa con las del futuro; esto incluye necesariamente incluir en esa visión a cuantos forman parte de la empresa. Muchos directivos han hecho suya la máxima de Jack Welch, el americano que ingresó a General Electric en 1960 con solo veinticinco años y se retiro siendo su presidente; es considerado un «héroe» empresarial porque logró transformarla en la empresa más valiosa del mundo. Pues bien, llegamos a la máxima del 70-20-10: el 20 % de la empresa son las personas excelentes a

las cuales recompenso, el 70 % son aquellos que no llegan a ese 20, pero cumplen con su trabajo; y el 10 % es al que debo despedir o ir sustituyendo; el problema es que la mitad de los CEO del mundo cogen esto con pinzas. El Sr. Welch incluía una tarea en especial importante en ese 70 %: debían aspirar a formar parte del 20 %; por tanto, comunicar la pasión por ese crecimiento, la emoción que puede suponer el objetivo de formar parte de un *think-tank*, es tarea de ese directivo. Las metas no se venden solas, sino con un esfuerzo titánico de comunicación cada día.

Sin embargo, cuántas veces personas de un rendimiento más o menos correcto se niegan explícitamente a asumir más responsabilidades o a aspirar a algo más. ¿Cómo es posible? Pero ¿todo el mundo no quiere crecer? Esta es una de las verdades más dolorosas cuando las descubres y a la vez la que revela más carencias de un directivo en transmitir emociones positivas para que los demás lleguen a ser más de lo que son. Muchos de esos profesionales se ven en el espejo de los *golden twenty* como un pequeño grupo de sufridores que sí o sí tienen que pelear con un consejo directivo inmóvil, rígido o que apenas les da potestad para decidir. Por tanto, si ese estadio de preliderazgo es una especie de agonía donde no queda claro donde comienza el líder y donde acaba el CEO…, ¿para qué me voy a esforzar en llegar a ese 20 %? Puede que gane menos, pero tendré menos problemas; es un pensamiento mediocre, pero lógico.

Si hemos educado a nuestra gente para ser obedientes y disciplinados, no podemos pedirles que de repente sean emprendedores y aportadores de valor excepcional. Bueno, por pedir que no quede; pero nos quedaremos afónicos de tanto gritarlo sin resultados, y lo que es peor: transmitiremos nuestra frustración dejándola como huella impresa que confirme sus teorías de que más vale lo malo conocido. En la página *emprendedoresnews* Jack Welch lo decía de manera sencilla:

> Nadie puede ser insustituible. Pero es muy importante recordarles a tus empleados que son valiosos, felicitarlos cuando hacen las cosas bien. Ellos deben saberlo en el alma y en el bolsillo. Emocionando a los demás con sus ideas y creando un espíritu de éxito será la clave.

Ahí tenemos la emoción de nuevo y de lo nuevo; y no va solo de caritativas palmaditas en la espalda: es la emoción legítima que llega, la que levanta ánimos, decepciones profesionales, carreras alicaídas, traumas y desengaños por haber confiado en quien no debías hacerlo. El CEO que asume un liderazgo debe tener en cuenta una máxima ineludible: los números no emocionan a nadie; ni siquiera los de la lotería hasta que no se convierten en una realidad palpable como premio caído del cielo. Las previsiones son aburridas y los planes basados en ellas, guías soporíferas que no mueven a la acción. Nada de esto levanta pasiones si no tiene sentido para ti; por tanto, la emoción positiva será la que nos mueve a seguir adelante, de lo contrario el 70 % se sumará al 10 % del que ya no se puede esperar nada.

Por supuesto que alguno confundirá esto con perder autoridad y fuerza de convicción, pero hasta en los partidos políticos saben que cuantos menos votantes tengas, menos escaños serás capaz de tener en tu haber, por lo que tu capacidad de influencia quedará para la anécdota dominical de un diputado que le gritaba a una de las estatuas del Congreso de los Diputados. Por tanto, la emoción nos lleva a comunicar y hacer colectiva esa visión, y la misión es la manera en la que consigues que la primera sea una realidad.

Explica cómo haces lo que realizas todos los días. Por ejemplo, mi tarea como comunicador, la visión que transmito a través de los cursos, las conferencias o los eventos de liderazgo, trata de conseguir que los demás hagan suya la idea de que serán líderes en el momento en que se decidan a tener una estrategia ganadora, tengan la humildad de reconocer que siempre tenemos mucho que aprender y que la disciplina es la base para crear una sinergia de éxito. Si lo consigo, dependerá de que aquellos que la acepten sean capaces de asumir el postulado del antiguo presidente de GE. Si no te sientes lleno, si no te diviertes, si no te gusta la gente con la cual trabajas, si no te motiva el trabajo que realizas y si no aprendes cosas nuevas, debes irte: la clave de tu éxito es que puedas crecer donde estás. Para ello no puedo limitarme a decir «*Yes, you can!*», porque podría empujarlos a un pozo de frustración si no les doy estrategias reales, aplicables, sencillas…, y lo hago, además, en un lenguaje emocionante, ¡de impacto! Así que si alguien se ha aburrido en algunas de mis conferencias…, ese día

lo invito gratis a acudir al próximo evento «Humanos en la Oficina», y hasta el momento no me ha pasado (cruzo los dedos).

También es importante entender la pasión como lo que en realidad es y saber dónde está: «Mi vocación es nadar en aguas abiertas, mi pasión es romper límites con mis brazos y mis piernas. Mi pasión está en mi mente, no en la profundidad del mar ni en la extensión y riesgo de mis travesías» (Patricia Guerra). Sí, todo el mundo nos habla de la pasión, de esa fuerza necesaria tanto para el personal directivo como para el emprendedor en esta época de mantras 3.0 donde no hay día en que no salgan mil imágenes con «Esfuérzate», «Sube más alto», «Consigue», «Supera»… Pero ¿por qué todos esos epítetos se quedan en un eslogan que bien podríamos haber puesto en nuestras carpetas cuando éramos universitarios? El problema puede residir en tomar al pie de la letra el significado de la palabra *pasión*, que proviene del griego *pathein* y del latín *passio*, que significa 'sufrir' (de ahí *La pasión de Cristo*). Esto es, la pasión se convierte en una etapa repleta de sinsabores, donde los lunes volvemos a convertirnos en zombis mediocres cuya pasión reaparece los viernes; directivos que creen que el trabajo debe ser un camino de espinas o trabajadores que sufren la ignorancia o el orgullo de los primeros para aguantar de lunes a viernes una letanía conocida hecha de desazón y ganas de salir huyendo.

La verdad es muy simple y cuando la aceptemos será cuando podamos ver algún atisbo de cambio: lo que comunicas en tu trabajo, en tu ambición profesional, es tu propia concepción de la vida. Basta ya de esa chorrada de distinguirnos a nivel personal por un lado y a nivel profesional por otro: eres la misma persona cuando estás en casa con tus hijos, te peleas con un amigo o cuando compartes mesa y oficina durante ocho horas o más. Si eres una persona desagradable, poco amiga de confiar en los demás, lo seguirás siendo por mucho que te empeñes en mostrar tu «profesionalidad» de nueve a seis. Asimismo, la pasión no significa obsesión por llegar a un punto determinado, porque nos convertimos en aquellos que luchan por llegar a la cima, pero que jamás miran a su alrededor porque no les gusta la montaña. Entonces, ¿qué crees que te va a llevar más alto? ¿Tu cabezonería? Hasta esa va a necesitar una pasión más poderosa que el empecinamiento.

Hemos aprendido de muchos directivos y directivas de todo el mundo en nuestro programa de radio, un espacio líder de audiencia que nos ha

revelado la parte más humana de las personas que trabajan (alguna, seguramente, a tu lado), y una de las cosas que más ha calado de las personas más veteranas y capacitadas es su habilidad para comunicar un mensaje tan simple que, como otras verdades sencillas, pasa inadvertida: que la pasión, esa que crea líderes a nuestro alrededor, no está en celebrar el resultado, sino en el camino que lleva hasta esa meta. Aprendimos además que los líderes ignorantes solo son jefes que se empecinan en ocultar su visión porque no creen en la pasión de los demás y si existe es solo para manipularlos o ponerlos en su contra; así es imposible no solo que compartan su visión, sino que los demás pondremos en duda realmente si tienen alguna a la que merezca la pena adherirse.

Es un éxito que llegues a la cima, pero no olvides que si lo has hecho solo, si has gastado una vida desechando la pasión propia y ajena, en el pico de la montaña seguirás igual de solo; y que poco vale llegar hasta allí cuando nadie, ni tú mismo, has aprendido nada de esa experiencia. No olvides que la pasión es una herramienta, como tantas otras, pero tan poderosa que es capaz de curar el cansancio de las piernas, de recuperar talentos escondidos y de abrirnos los ojos a nuevas metas que creíamos olvidadas; si la transformas en rencor, en sospecha y en envidia, nadie querrá ser líder contigo en esa travesía porque en ese momento representas lo que nadie quiere ser. Si crees que las personas pueden llevarte tan lejos como fuerte sea la pasión que comuniques, entonces aún tienes una oportunidad, una ocasión de ser un profesional que demanden las empresas por su empuje y su visión, un especialista que quiere convertirse en referencia.

Liderazgo humano (II): enamorar para conectar

Enamorarse es la respuesta para ser más líder en tu vida diaria. *Amor* es una palabra que no se oye a menudo pronunciarse en los pasillos de una oficina; de hecho, nada más lejos de la realidad, en un entorno rutinario donde la capacidad de emocionar parece tan parca como las ganas de expresar realmente lo que sientes por pudor, miedo, vergüenza o temor a parecer débil y vulnerable. Por supuesto que siempre habrá el que identifique esto con el amor romántico y crea que estamos hablando de cómo lidiar con haberte enamorado de un compañero de trabajo. Quizás ese tema sea más adecuado para un respetable lector del último número del *Cosmopolitan*; aquí reflexionamos sobre todo lo que acontece en el ser humano a la hora de enfrentarse al reto diario de liderar su vida y ello implica «*take the bull by the horns*» de nuestras relaciones humanas y ponerlas a la vanguardia de nuestras prioridades.

Tal vez no sea sorprendente que los que perciben mayor afecto y cariño de sus colegas realizan mejor su trabajo. Ningún dato parece que pueda negar esa afirmación, pero hay tan pocos gerentes que se centren en la construcción de una cultura emocional que casi puede parecer una utopía reclamar corazón donde solo hay ejecución. El problema surge siempre en los que usan la excusa de costumbre: «Yo me sé la teoría también, pero ¿cómo lo llevo a la práctica?». Su desprecio a que esa emoción pueda formar parte de un clima laboral se nota desde sus primeras palabras, porque sencillamente no se lo cree. Si le cuentas detalles sobre la comunicación, sobre las maneras de expresar, sobre cómo las palabras pesan, motivan y desmotivan, en general desdeñará cualquier observación por considerarla superflua y lejos de su radar que tiene todo controlado.

Un triángulo amoroso, al contrario que en una relación romántica, puede ser algo productivo si somos capaces de poner a cada uno en el lugar correcto. Como dijo recientemente un laureado escritor norteamericano, no perdamos el tiempo con quien es incapaz de asumir ningún postulado que no sea suyo, porque una de las bases de ese amor productivo es tener la conciencia de que están en un proyecto con la capacidad comprobada de hacer que los demás se enamoren de él.

Enamorarse: suena tan cautivador como imprevisible, pero han sido los enamorados las que han provocado cambios en su vida y en la de los demás. Puedo decir, y seguramente aún habiéndome equivocado cientos de veces, que el 90 % de las personas que he reclutado en mi vida mostraban los síntomas de estar aquejados por ese síndrome de estar o haber estado enamorados de su profesión, de aquello que alguna vez les hizo sentirse plenas y útiles. ¿Y cómo conseguimos ese estado? Al igual que en una relación íntima, no podemos forzar las cosas: quizás podremos fingir un tiempo ser lo que no somos, pero el día a día va a derrumbar poco a poco nuestra fachada. Ese derrumbamiento irá dejando entrever que no nos gusta lo que hacemos, que no es aquello con lo que nos sentimos como esas personas que se levantan cada día con una razón para sonreír. En la actualidad, donde ser hiperindependiente está de moda, muchas personas dicen aquello de que «no quiero a nadie que me ate». Respetando las decisiones de cada uno, eso responde en general a una concepción del amor como algo posesivo y restrictivo; sin embargo, hay otro bando sin temor a engancharse porque ellos lo ven como atrapar la vida: para ellos amar es sentirse por fin libres de poder expresar lo que tienen con quien desean.

Ambos conceptos son legítimos y válidos, pero sus consecuencias son muy diferentes. Qué mejor libertad que la de poder por fin desarrollar todo aquello que tienes dentro para convertirte en la persona que es capaz de remover cielo y tierra desde su posición para alcanzar sus sueños porque ven que es posible tocarlos con la punta de los dedos, porque tienen una fe profunda y arraigada en tus competencias y posibilidades. El amor, el que se escribe con mayúsculas, es un acto de fe, aun sin saber si llegará a buen puerto y todo irá como la seda o será un valle de lágrimas. Solo enamorado puedes tener la voluntad de superar obstáculos, de crear alianzas duraderas y de superar las decepciones. El liderazgo de tu vida debe tener dibujado

ese amor a fuego, un amor vulnerable, que puede equivocarse, pero que no se rinde ante la adversidad. La última consecuencia, si todos estos pasos se caminan día a día, es que acaben enamorándose de lo que hacemos, de lo que significamos, de lo que resolvemos y, por ende, de lo somos; demasiado bueno para que no nos atrevamos a querer ser mejores desde el mismo momento en que nos damos cuenta de que amar también nos hace crecer. Pon junto a un gran equipo, dales el tiempo y los recursos suficientes.

Pues bien, aunque hayas colocado a cada miembro en el lugar correcto, incluso al líder más consensuado, esto no te garantiza absolutamente nada porque no se da nada de lo que estamos hablando: el compromiso va más allá de la motivación, es un amor con bases reales. No estamos hablando de una mera satisfacción o que las cosas «estén en orden», esto es, tener al equipo satisfecho, motivado, interesados en la tarea. Pueden estar felices como perdices y ser totalmente improductivos (veremos más adelante como resolver esa confusión); no, lo que queremos es que esa satisfacción se transforme en una ventaja competitiva. El famoso *engagement* se consigue con equipos, con personas interesadas y comprometidas tanto en el trabajo y en la organización como en sí mismas. Este enganche funciona mucho mejor cuando podemos trabajar separadamente los elementos más poderosos en su construcción, a saber: relaciones poderosas entre los miembros del equipo, una cultura y valores compartidos a diario en sus acciones y una clara y visible oportunidad de que su estatus está cambiando (o no solo una mejora puntual) gracias a lo que realizan. Esto requiere que no nos dediquemos simplemente a repartir tareas y evaluar los resultados. Un paso indiscutible que muchos directivos no hacen (o no hacemos, sería absurdo no incluirme porque me caerían encima algunos de los equipos que he dirigido) es observar si este está creciendo o cayendo porque no tenemos en cuenta los puntos siguiente.

1. No entender qué está creando compromiso en tu equipo

Una de las razones por las que la motivación es casi siempre algo demasiado genérico para trabajar es que jugamos con muchos términos que parecen similares: a saber, satisfacción en el trabajo, motivación y com-

promiso. Durante muchos años, la satisfacción en el trabajo ha sido el gran objetivo en lo que se refiere a motivación de RR. HH., lo que más o menos se puede definir como un alto porcentaje de tareas en el puesto que se ajustan a lo que el trabajador necesita o cree necesitar para sentirse interesado. No obstante, esto no se traduce en un rendimiento igualmente óptimo.

No quiere decir que no sea posible, pero no es una garantía. Por ello, si nos movemos a un foco más dirigido al compromiso podremos obtener distintos resultados. Por tanto, pasamos del concepto de *motivación*, con muchas teorías que se cruzan, elementos psicológicos, organizacionales, procedimentales...; a algo más específico como el *compromiso*, donde podemos actuar con elementos algo más visibles.

2. El compromiso es incompatible con personas que no agrandan la visión de la empresa

Esto no se consigue si el compromiso solo pasa por su propio puesto y su propia supervivencia. He tenido jefes y directores de todo tipo trabajando a mi lado, personas que me hicieron comprender mucho mejor cómo el alma (sí, hablo de alma) humana quedaba ensanchada por sus características personales, como su manera de relacionarse agrandaban la visión de la organización convirtiéndola en un reto, no en una condena, por pequeña o grande que fuera la empresa.

Ahora bien, ya puedes trabajar en una empresa llena de buenas intenciones o con un fin realmente identificable e inspirador, que si tus superiores son personas sin alma, pendientes de su ombligo, conspiradores en la sombra o constreñidos en su papel fiscalizador ya puedes mandar el compromiso al carajo.

3. **Una de las razones por las que ese compromiso no se cumple es que los líderes, aún los buenos, tienden a fijarse más en el grupo que en los individuos**

De hecho, suele suceder que el líder fuertemente comprometido cree que los demás están viviendo la experiencia de la misma manera; de nuevo, el mirarse al ombligo como un obstáculo. No a todas las personas les motivan las mismas cosas ni de la misma manera. Por ejemplo, un programa de incentivos grupal puede funcionar (en la medida que no penalice unos sobre otros, porque entonces se convierte en una sentencia a cumplir), pero un programa de dirección individual nos reportará información más valiosa para corregir actuaciones desmotivantes.

4. **Las encuestas de satisfacción, tan de moda hoy día, son malinterpretadas en un alto porcentaje y peor construidas**

Es un hecho que estas encuestas suelen dar una aparente seguridad de que tenemos los datos precisos para «trabajar» en la motivación de las personas; aun así, muchas de esas encuestas no están bien construidas. Te apuesto una caña y un pincho de tortilla a que más de la mitad se han hecho en un despacho preguntando: «¿Qué quieres que preguntemos este año?». En la segunda fase, la interpretación, doblo la apuesta a que se ha realizado en *petit comité* con alguien agitando los brazos diciendo: «¿Cómo puede ser que esto sea cero y lo otro diez?» o «No puede ser, esto está mal, la gente siempre ha estado muy contenta con eso». Luego, se presentan los resultados más adecuados, esto es, ni muy malos, pero tampoco excesivamente buenos; y listo.

Como en casi todo, no contar con auténticos expertos y dejar que los demás, que no saben, intervengan en el proceso intoxica la información hasta el límite. Eso es un sesgo común en RR. HH. (todo el mundo sabe seleccionar, formar, dirigir, motivar…). Por otra parte, si en la encuesta no establecemos las expectativas correctas, no contiene unos parámetros fijos que puedan ser comparados en el futuro y, además, no lleva a ninguna solución percibida como real por el trabajador, será poco más que otro

papel y otro Excel aburridísimo. Es más, si tardas meses en compartir los resultados, es probable que los equipos se pregunten: «¿Todavía estaban con eso?».

5. No hay una cultura de la prevención ante los signos de falta de compromiso

Las empresas más exitosas están en alerta siempre, desde el CEO al director de RR. HH., el responsable de talento, la directora de tal o cual y el coordinador X o Y. Cada empresa es un mundo y sería demasiado largo poner todas las iniciativas posibles (aparte de un reto imposible); pero si algo tienen en común estos planes es que comienzan escuchando en disposición de ayuda, no en plan: «Pero ¿qué está pasando aquí?». Sin embargo, serán las empresas mediocres las que acepten una ratio de rotación inesperadamente elevada (como ya dijimos ante el directivo que cree que la rotación alta sirve para limpiar la empresa porque se lo ha leído a Jack Welch pensando que está en General Electrics) o asumen que son «cosas que pasan, ya vendrán otros».

6. No tener en cuenta las tres claves de inicio en el enganche de la plantilla

Hay muchos factores de enganche, pero, para hacerlo sencillo, nos remitimos a los factores que hemos puesto al principio: relaciones, cultura y oportunidad, dado que luego podemos hacer divisiones a partir de estos. Cada persona es parte de un puñado de relaciones que se conectan y desconectan a diario; las malas o pobres no tienen una vida útil generalmente larga; y ya sabemos que la causa primera dentro de las relaciones por las que alguien se va es porque no aguanta a su jefe.

La buena noticia es que en sentido contrario este baremo también funciona. Piensa con honestidad cuándo has sido más leal a un proyecto y en el 99 % de las veces la relación con tus superiores tendrá mucho que ver. Esta se construye con muchos otros factores secundarios: quedémo-

nos, de momento, con la confianza (coherencia con lo que se dice y se hace, provocando que tomemos riesgos porque confiamos en la mejora), la percepción de la equidad (el equipo debe ver cómo su éxito beneficiaría no solo a la empresa, sino también a cada miembro individualmente) y la positividad (lo que da lugar a grupos proactivos contra reactivos, alias Arreglamarrones). La cultura de la empresa, de la que tanto se habla y sobre la que parece tan difícil actuar, puede ser modificada con otros tres actores secundarios, habiendo muchos más; pero, para empezar, serán los modelos de comportamiento (la fuerza más poderosa para crear liderazgo), la transparencia (entendida como la información relevante y adecuada, no con abrir cajones sin sentido) y la recompensa como sinónimo de esfuerzo válido y ejemplar (no pagamos bonus, creamos compromiso). Esto engancha con la oportunidad, el tercer factor que muchas veces se pierde, porque serán los trabajadores más comprometidos los que aprovecharán cuantas más ocasiones reales de perfeccionamiento, crecimiento e integración pongamos a su alcance y vayan más allá de su propio puesto.

7. *Nos enamoramos a partir de momentos*

Ese es el quid. Ya todos sabemos que enamorarse tiene su base en multitud de detalles y quizás lo podemos resumir de manera incompleta, pero entendible en que nos enamoramos a partir de sensaciones, de percepciones de experiencias que nos dicen cosas como: «Estás en el lugar adecuado y con la persona correcta». A cada uno le surgirán frases diferentes, pero sin duda es la experiencia humana la que nos hace engancharnos a un proyecto. Si conseguimos crear esos momentos de una manera fluida y natural es cuando creamos ese ambiente humano que va mucho más allá del simple bienestar laboral Y todo esto incluye construir una cultura potente que sea algo más que una declaración de intenciones, cómo manejar los incentivos para generar sinergia y no conflicto o cómo formar para conseguir impacto de compromiso en vez de obligatoriedad de cumplimiento.

Todo ello, a raíz de nuestra experiencia en «Humanos en la Oficina», ha resultado en un buen montón de estrategias humanas que han llenado

cines y teatros ya por todo el mundo en nuestras conferencias, cursos y seminarios. Si he conseguido que te preguntes algo como cuándo fue la última vez que te enamoraste de un proyecto, de una iniciativa o de un grupo de personas que te hacían sentir mejor de lo que tú te ves…, es el momento de que sigamos avanzando porque puede no solo repetirse, sino crearse de la manera más sencilla y a la vez más laboriosa: creando conexión humana real a partir del humano que tú quieras ser.

El humano que eres
y quieres ser

Ser auténtico es uno de los valores que más confusión causa entre quienes lo interpretan como decir lo primero que se pasa por la cabeza, seguir empeñados en una idea por el simple hecho de que ha sido nuestra o responder con altanería ante pensamientos que nos contrarían o evidencian nuestras carencias: esa definición parece que ha calado hondo en cuanto nos preguntamos qué es ser auténtico. La vida no nos lleva por los caminos que deseamos, sino por los que elegimos (o desdeñamos) y ello conforma nuestro carácter, nuestra manera de enfrentarnos a los desafíos del día a día. Nuestra imagen como profesionales en las redes, en la oficina, con nuestros compañeros de trabajo, con nuestra familia, se construye a través de un comportamiento que reflejará nuestra credibilidad; todo ello en la medida en que sea coherente con aquello en lo que nos consideramos buenos, mejores o excepcionales y, por ende, en aquellos actos que revelan nuestras sensaciones y sentimientos, enfocados a la idea de nosotros mismos que deseamos mostrar al mundo.

Nuestra conducta social está condicionada por nuestras expectativas, esto es, nuestro pensamiento, nuestra opinión, si la tenemos formada, acerca de nuestro interlocutor, y los resultados de interacciones pasadas van a determinar gran parte de la nuestra. No puede ser más obvio que las entrevistas de trabajo son un campo de pruebas excepcional para saber hasta qué punto un candidato está lanzando una imagen que trata de adaptarse al puesto que demanda o a la empresa que puede acoger ese supuesto talento. El momento de la verdad llega cuando tratamos de averiguar cuánto de esa imagen ha nacido de los valores y deseos verdaderos de la persona que tenemos enfrente. Sin lugar dudas, una gran disonancia no suele dar como resultado un encuentro positivo: suelen ser las personas

que más se esconden en las excusas, en las limitaciones, en los actos de los demás que les han perjudicado de una u otra manera, las que esconden, en general, una motivación en muchos casos inexistente o derivada de una necesidad que no le distingue de otros muchos candidatos.

Pero existen también esas personas que, en medio de su discurso, aún siendo acreedores de la necesidad de cambio profesional, muestran con entusiasmo todo aquello que los seduce, les conmueve, los anima a seguir. Son esas las que deben convertirse en modelo para todos nosotros: aquellas que conjugan la asertividad de un modo excepcional con la cercanía, aquellas que se identifican con una ilusión, una meta o una idea tan sencilla como progresar haciendo que los demás también avancen, que es la base de todo liderazgo en el mundo *offline* y *online*. Esto es ser auténtico: no para contraponer nuestra visión del mundo o realidad, más bien para agrandarla con los conocimientos y las ideas de quienes se muestran entusiastas con su maleta de sueños, con la humildad suficiente como para mostrar su necesidad de compartir para seguir construyendo. Aun así, podemos rechazar esta visión u otras de similar calado. Como decía un famoso escritor inglés, podemos seguir siendo intermediarios de las expectativas y metas de los demás, guardar nuestra autenticidad para que nada nos sorprenda.

Si queremos avanzar hacia el liderazgo de nuestras vidas y que nuestro talento comience ya a ser transformador, tenemos un primer paso evidente: pongamos nuestras metas encima de la mesa en todo momento sin miedo a que parezcan sencillas o ingenuas. Pero vayamos más allá: ¡ya tenemos demasiados soñadores! Gente que «sueña», «*disueña*», «ensueña» (y esto no es broma, he visto a gurús en la red con estos nombres). Seamos conscientes de lo que significan para nosotros a diario, no simplemente cuando pensamos en ello, y si podemos comunicarlos con la humildad y entusiasmo suficientes como para que los demás se adhieran, ya estamos convirtiendo nuestro entorno en un mundo de posibilidades reales.

«¿De verdad estoy pidiendo tanto como para tener tantas dificultades en conseguirlo?» es la pregunta que muchos se hacen cuando no obtienen resultados. Sin embargo me voy a atrever a deciros, con una probabilidad de error que espero sea razonable, que el 99 % de las veces todo eso esconde una perspectiva equivocada en la creación de lo que es una realidad acorde

con tus deseos dentro y fuera de la oficina; de hecho, suele coincidir con un empeño poco lógico en tratar de conseguir cosas a base de insistir. La paciencia es la madre de la ciencia y seguramente la tía del logro persistente y la hermana del éxito trabajado todos los días. Sí, la constancia es la base del éxito; innegable. Pero vamos más allá del refranero: ya puedes tener una base descomunal que si no la haces crecer con cabeza te quedarás ahí con ese primer ladrillo entre tus manos sin llegar a construir tu éxito. Como casi todo el mundo, yo me pongo mil excusas para no hacer lo que debería hacer (que es lo que más cuesta): salir de mis tareas habituales. Tengo un horario que cumplir, unas obligaciones que me quitan tiempo, un cosa que tengo pendiente, una idea para un cliente que me ronda la cabeza, un, una, unos; todo son barreras que nos apartan de nuestro camino. Lo hemos dicho muchas veces: el auténtico liderazgo en tu vida es humildad, capacidad de aprender para reconducir, no para confirmar lo mucho que sabemos. Las razones por las que muchas veces nos rendimos son numerosas, pero voy a tratar de exponerte solo algunas.

No tenemos claro lo que queremos conseguir. ¿Qué quieres lograr como humano con un talento que quieres explotar?

Ok, más clientes, más dinero, una posición mejor, autoridad en la empresa, socios, mercado, talento, candidatos: no, eso no es un objetivo concreto. Tiene que venir enlazado con una estrategia (para conseguir A necesito B y eso me lo puede dar C, para entendernos). En muchos *mentorings* que hago hay gente que, maravillosamente, descubre que A, B y C no era lo que pensaban.

Nos creemos que no necesitamos nada

Me confieso agradecidísimo por la gran acogida del artículo publicado en DIR&GE , una carta a un CEO terrible, probablemente de los peores que puede haber en España. Pues bien, este mismo señor se quejaba de llevar varios años en la empresa y estar rodeado de inútiles. Obviamente,

se dedicó a formarse en otras cosas, todas pensando en el mercado y cero en saber cómo dirigir una empresa; incluso comenzamos un *training* de liderazgo al que rehusó ir porque «ya había dado un curso de eso»: más bien porque no quería que lo pusieran en evidencia. Nuestra falta de humildad nos lleva exactamente al punto donde estamos: recorrido cero.

Pensar que no hace falta un gran esfuerzo porque somos lo suficientemente avispados

La creencia de que podemos conseguir las cosas sin un guía profesional nos hace equivocarnos y recorrer kilómetros de frustración cuando podrían ser metros de éxito. Yo tengo que aprender todos los días, sin falta. Llevo décadas en RR. HH., Comunicación y *Branding* Humano, ¡y sigo aprendiendo! Me dicen cosas como: «Uno de los expertos en capital humano más influyentes de Europa», «El mejor comunicador actualmente en España sobre lo que pasa en la oficina y cómo transformar el día a día» (y ninguno de ellos es familiar mio); eso me indica visibilidad y reputación, ¡bien! Pero si me duermo, se acabó, y tengo que seguir invirtiendo tiempo y dinero.

Lo confieso, he sido uno de los que muchas veces ha pensado: «¿Para qué voy a gastarme dinero en cursos o mentores si prácticamente todo está gratis en Internet?». Como en casi todo proyecto que pretendamos conducir al éxito, en la construcción de nuestra realidad no debemos avanzar a ciegas: hay que tener claro hacia dónde queremos llegar, una idea aproximada de cómo pretendemos hacerlo y, por supuesto, la capacidad crítica suficiente para evaluar nuestros avances e introducir correcciones por el camino, si es necesario.

Si dejas de pedalear, te caes: otra enseñanza primordial cuando se trata del *personal branding*. Se requiere constancia, pero, como hemos dicho antes, con estrategia, porque por mucho que te des cabezazos contra un muro no lo vas a derribar sin herramientas. La reputación motiva a tu entorno a colaborar contigo: genera la confianza para que te ofrezcan un trabajo, una relación, un contacto que puede llegar a ser un cliente, un dinero para invertir… El entorno está ávido por conocer quién eres, pues necesita definir (y cuanto antes mejor) si puede confiar en ti y si le vas a

aportar algo; tratan de captar indicios con los que etiquetarte como «confiable» o «es un *crack* del…» y poder recurrir a ti llegado el caso.

Todo profesional tiene una peculiaridad que lo hace único en el planeta. La primera vez que pensé en ello me salió una formula parecida a esta:

> Soy un experto en gestión de personas y me acerco a ellas con la mirada de un psicólogo pero, como HRBP, definiendo su posición más rentable en el organigrama de la empresa… Y además me dicen que soy un gran comunicador, por tanto, mi capacidad de influencia brilla si soy capaz de generar el mensaje adecuado para atraer y crear talento.

Piensa, sin embargo, que construir una realidad donde el humano que quieres ser tenga posibilidad de respirar por sí solo es más que una descripción o la creación de una marca personal: la construcción de una identidad humana va más allá, porque a la gente nos gusta ver a la persona que hay detrás del líder.

Por último, debes de tener en cuenta cada cierto tiempo el factor de plenitud y satisfacción. ¿Eres feliz con lo que ahora representas? Pregúntate cada cierto intervalo de tiempo si es eso lo que quieres hacer y si así sigue siendo lucha por posicionarte sin dejar de apasionarte. En toda trayectoria profesional siempre existen aquellos objetivos que una vez se construyeron a base de esperanzas, de planes basados en la idea de que una vez pensamos que era posible llegar más lejos, alcanzar una cima que parecía la culminación de todo aquello que aprendimos a anhelar y querer con fuerza. Es obvio que la vida nos va enseñando caminos muy diferentes la mayor parte de las veces, unas por desconocimiento, otras por un exceso de optimismo o una preocupante carencia de realismo; sea como fuere, muchos de esos sueños han quedado difuminados por las dificultades o quizás por otras metas menos ambiciosas y a la postre más prácticas.

Cada vez que oímos los ejemplos de las personas de éxito, muchos se empeñan en poner un buen montón de argumentos que nos ayudan a asimilar la existencia de estos *cracks* aduciendo que lo han tenido más fácil, han contado con más medios, sus equipos eran los mejores o simplemente que eran genios capaces de encontrar justo lo que el mercado andaba demandando. Nuestras elecciones y por ende esos sueños han sido corregidos o

relativizados por nuestras necesidades de primera mano, nuestras limitaciones presupuestarias o por la influencia de quienes nos han aconsejado ir a lo seguro; hemos sido educados para ser conservadores, para proteger lo que tenemos, para escoger aquel camino que suponga menos incertidumbre. La aventura, con las lógicas diferencias individuales y de carácter, no forma parte en general de nuestro ADN, aquel que es la base de nuestras decisiones personales y profesionales, más aún en épocas de crisis. Un ejemplo que me encanta poner porque se entiende a la perfección: hay personas que han amado con intensidad que descubrieron una vez que el amor podía llegar a transformar sus vidas, hacerlas mejores personas y convertirlas en espíritus poderosos capaces de cumplir sueños porque eran compartidos; se sentían invencibles en el momento en que ese sentimiento se traducía en sentir que todo es posible con la persona adecuada. No obstante, cuántas de esas personas han optado por otra dirección, quizás menos arriesgada, familiar o conocida, convirtiendo el amor en una conveniencia o mejor en una convivencia consensuada donde un legítimo cariño los vuelve personas con los pies en la tierra y sabiendo muy bien cómo va a ser el día de mañana.

Nada de esto es recriminable, faltaría más que juzgáramos a quienes eligen un camino seguro o más cómodo. Hay que estar en la piel de muchas personas con dificultades para tener siquiera el arrojo de ponerles cara a cara con esos sueños que abandonaron en algún momento de la vida, y no somos nadie para juzgar qué o quiénes deben hacer felices a otra gente. Empero, vamos a ser atrevidos y recordar que solo tenemos una vida para darle el sentido que nosotros queramos.

En la creación de una realidad que te haga ser el humano que quieres ser, la estrategia pasa por la perspectiva que antes no tuviste. Ahora tienes la experiencia de que sabes mucho mejor lo que quieres, de que lo que abandonaste una vez puede ser lo que temías que se convirtiera en realidad, llegar a sentir que estabas en lugar adecuado, en el momento oportuno para hacer de la vida un desafío que te hiciera llegar más lejos de lo que imaginabas. Ese es el reto, y nada de esto ocurrirá si pensamos en nuestra vida como personas grises y carentes de talento, como meros ejecutores de los sueños de otros y que bastante tenemos ya con lo que hay que luchar cada día. Tú decides si quieres que esa lucha te transforme en la mejor versión de ti mismo.

Epílogo

Lamentablemente no conozco tu oficina ni a tus compañeros ni a tu equipo ni a tu jefe; pero he conocido muchísimos entornos laborales en todo el mundo, por eso te puedo decir que creo firmemente en las personas que no se rinden enfocándose en lo que hacen mejor, porque casi siempre lo consiguen.

Lo mismo que somos entes sociales dispuestos a relacionarnos y sacar beneficio mutuo de las conexiones que establecemos con nuestro mundo personal y profesional, somos también unos excelentes defensores de las ideas que hemos ido forjando a través de la experiencia y que nos protegen de la incertidumbre del exterior. Esto significa que las personas van a luchar por mantener su autoimagen; la gente tiene una imagen de sí misma y querrán mantenerla. El peñazo que nos dan con la famosa zona de confort no es sino la consecuencia de ese *leitmotiv* humano que nos lleva a aferrarnos a lo seguro; en castellano popular: «Más vale lo malo conocido…».

Es sorprendente, y más aún en personas jóvenes, *juniors* que aún no han tenido demasiadas ocasiones para demostrar su valía, su entusiasmo y voluntad, ver almas y corazones desesperanzados por la oficina que han asumido la idea de vivir en permanente crisis, en tiempos turbios que no dejan lugar para aspiraciones, solo para perseguir un sustento valioso por su escasez y dificultad de mantener. En algunas de las entrevistas más recientes que he tenido sale siempre a colación el mismo objetivo: ante la pregunta que tiene que ver con las aspiraciones profesionales, más de la mitad de los candidatos me han respondido lo mismo; ignoro por qué ahora y con tanta frecuencia, pero así es: «Mi aspiración es tener trabajo». Punto, sin más.

Muchos expertos dedican toda su energía a gritar lo que, al oírlo, parece evidente; pero que casi nadie es capaz de crearse una rutina esforzada y aplicarla a diario: todo depende de ti. Puede que hayas visto cosas que

están muy claras, otras que no acabas de ver e incluso puede que muchas no sepas cómo empezar siquiera a pensar en su aplicación. Fórmulas mágicas no hay, pero sí estrategias que funcionan correctamente aplicadas. Ni todos los sectores son iguales, ni las áreas ni el tamaño ni la antigüedad; obvio es decir que cada empresa es un mundo y todo son factores que van a contar en nuestra aventura.

Un reto que podemos hacer juntos: ¿qué tal si identificamos, medimos y preparamos a los líderes estratégicos de la empresa para que generen retención no solo ellos, sino sus equipos? ¿Qué tal si creamos estrategias para que el coste de integración y el de pérdida temporal de productividad sea cercano a cero? ¿O que te parece no mejorar la cultura de la empresa, sino trabajar para cambiar su estatus desde la primera a la última persona que trabaja en ella? Por eso quiero invitarte a una cosa: a que hablemos, que pasemos del *online* al *offline*, para que hagamos de la empresa un verdadero hervidero de humanos que no, no van a ser perfectos, ni falta que hace; van a ser la mejor versión de sí mismos cuando logremos que tomen la decisión de serlo, en ese mismo lugar.

La vida de L a V puede ser realmente dura, por eso casi todos queremos trabajar con personas entusiastas; no perfectas, con coraje, estilo, ganas, con la suficiente perspectiva para valorar el día a día como un encuentro con beneficios a corto, medio y largo plazo. Pero si todo lo demás no funciona, recuerda una última regla que nadie podrá discutir: el lunes no se acaba en un abismo insondable; el martes también existe y el día siguiente, y un nuevo lunes. Depende de ti que los días se conviertan en herramientas para construir vidas apasionantes y productivas.

¿Qué es «Humanos en la Oficina»? El grupo de comunicación y formación humana líder creado por el *speaker* directivo más seguido de España en LinkedIn, Miguel Ángel Pérez Laguna, y al que ya conocen más de medio millón de personas. Su lenguaje directo, creativo e innovador en conferencias, cursos, ponencias y eventos corporativos está llenando aulas, cines y teatros con un formato que busca la implicación real, la motivación y el liderazgo desde la experiencia diaria.

Conferencias de Liderazgo Humano

El m*étodo Human Leadership Experience* (HLE) creando resultados basados en la conexión humana, aquella que despierta el liderazgo que sí genera beneficios.

Conferencias motivacionales

Creando compromiso humano más allá de la motivación, impacto emocional y decisión propia. La motivación por la experiencia humana real.

Conferencias digitales

La transformación digital de éxito unida a la humanización del negocio más allá de funciones. Cómo funciona para empresas y emprendedores digitales.

Eventos motivacionales

Los eventos que han revolucionado la manera de comunicar e inspirar en el mundo de la empresa. Basados en el formato en abierto que ha llenado cines y teatros, los eventos de «Humanos en la Oficina» son la mejor manera de crear motivación, marca y una visibilidad mundial con una audiencia récord.

El programa de radio

Descubre el lado humano de empresarios, directivos, líderes, artistas, comunicadores en uno de los mejores programas de radio para empresas que nunca has escuchado, en una tertulia cercana, divertida y repleta de referentes del mundo de la empresa, el capital humano y la comunicación.

humanosenlaoficina.es